U0310402

世界技能大赛技术标准转化项目教材
编写委员会名单

汤伟群　胡鸿章　曹小萍　张利芳　陈海娜　张泽光　杨武波

蔡旭菱　罗　旋　林天升　陈定桔　何伟文　吴多万　谭钰怡

王晓丹　王军萍　钟　莎

"十三五"职业教育国家规划教材

世界技能大赛技术标准转化项目教材

单机
商务软件开发

蔡旭菱　罗　旋　王军萍　著

暨南大学出版社
JINAN UNIVERSITY PRESS

中国·广州

图书在版编目（CIP）数据

单机商务软件开发/蔡旭菱，罗旋，王军萍著．—广州：暨南大学出版社，2018. 10
（2022. 2 重印）
（世界技能大赛技术标准转化项目教材）
ISBN 978 – 7 – 5668 – 2476 – 9

Ⅰ. ①单…　　Ⅱ. ①蔡… ②罗… ③王…　　Ⅲ. ①软件开发—教材　　Ⅳ. ①TP311. 52

中国版本图书馆 CIP 数据核字（2018）第 229481 号

单机商务软件开发
DANJI SHANGWU RUANJIAN KAIFA
著　者：蔡旭菱　罗　旋　王军萍

出 版 人：张晋升
责任编辑：黄文科　李倬吟　傅　迪
责任校对：朱良红
责任印制：周一丹　郑玉婷

出版发行：暨南大学出版社（510630）
电　　话：总编室（8620）85221601
　　　　　营销部（8620）85225284　85228291　85228292　85226712
传　　真：（8620）85221583（办公室）　　85223774（营销部）
网　　址：http://www.jnupress.com
排　　版：广州尚文数码科技有限公司
印　　刷：广州一龙印刷有限公司
开　　本：787mm×1092mm　1/16
印　　张：10. 25
字　　数：218 千
版　　次：2018 年 10 月第 1 版
印　　次：2022 年 2 月第 2 次
定　　价：33. 00 元

（暨大版图书如有印装质量问题，请与出版社总编室联系调换）

总　序

　　广州市工贸技师学院商务软件解决方案项目团队经过2014—2018年四年的努力，实现了世界技能大赛"商务软件解决方案项目"的技术标准转化为"商务软件开发与应用"新专业成果的输出。2016年，在遵循职业教育规律和职业教育一体化专业课程开发规范的基础上，项目团队根据新专业成果完成了世界技能大赛技术标准转化项目教材的编写。

　　教材共分为八种，包括《商务文件创建与建模》《单机商务软件开发》《商务软件快速开发》《客户端/服务器商务软件系统开发》《浏览器/服务器商务软件系统开发》《数据库模型分析与商务软件开发》《移动商务软件系统开发》《团队合作商务软件系统开发——网上商城》。每种教材与世界技能大赛技术标准转化为专业课程设置完全对应。

　　项目开发团队参照世界技能大赛商务软件解决方案项目的测试题目模式，结合企业商务软件开发的过程进行教材任务的编写，参考世界技能大赛测试题目的考核方式进行成果导向与展示考核，根据世界技能大赛的技术标准及能力进行综合评价，确保专业培养目标、课程目标、任务目标、考核目标的一致性。

　　世界技能大赛技术标准转化项目教材不仅适合商务软件专业的教学人员、世界技能大赛项目的研究者、世界技能大赛教练以及参赛选手使用，还可以作为企业商务软件开发的参考资料。

　　在本次世界技能大赛技术标准转化的研究过程中，感谢汤伟群、胡鸿章、曹小萍、张利芳、陈海娜、张泽光、杨武波、蔡旭菱、罗旋、林天升、陈定桔、何伟文、吴多万、谭钰怡、王晓丹、王军萍、钟莎等专家和教练提供的支持与帮助。

由于水平有限，书中如有错漏之处，恳请各位专家和读者批评指正！

广州市工贸技师学院商务软件解决方案项目团队

2018 年 6 月

前　言

技工院校的教学方法直接关系到技能型人才的培养，技工院校以前的一些教学方法和手段已经越来越明显地显示出不足和单一性，很难适应新型工业化人才的培养要求，优化转变技能型人才培养模式势在必行。一体化教学模式在职教界越来越受到重视和青睐。一体化教学有广义和狭义之分，广义的一体化教学是一种理想的职教教学模式，在实践当中很难实现；狭义的一体化教学是指一体化课程教学。

人力资源和社会保障部"为贯彻落实《中共中央办公厅、国务院办公厅印发〈关于进一步加强高技能人才工作的意见〉的通知》精神，进一步深化技工院校教学改革，加快技能人才培养，推动技工教育可持续发展"，专门制订了《技工院校一体化课程教学改革试点工作方案》，以文件的形式肯定了一体化课程教学的必要性，指出一体化课程教学是深入贯彻科学发展观、提高技能人才培养质量、加快技能人才规模化培养的有效方法，是探索中国特色技工教育改革与发展之路。

基于此背景，广州市工贸技师学院进行了一体化课程教学的改革，按照经济、社会发展的需要和技能人才培养规律，根据国家职业标准及国家技能人才培养标准，以职业能力培养为目标，通过典型工作任务分析，构建一体化课程教学体系，并以具体工作任务为学习载体，按照工作过程和学生自主学习要求设计安排教学活动。在进行改革的过程中，广州市工贸技师学院根据经验，编撰了相应的教材以辅助学生学习。

在一体化课程教材编写过程中体现了"以职业能力为培养目标，以具体工作任务为学习载体，按照工作过程和学生自主学习要求设计安排教学活动、学习活动"的一体化教学理念，遵循了能力本位原则、学生主体原则、符合课程标准原则、理论知识"适用、够用"原则、可操作性原则。该教材按照工作过程、学习过程编写，工作过程与学习过程分两条线，各成体系，又相互对应、密切配合。基于工作过程的教材站在教学的角度编写，呈现结构清晰完整的工作过程，介绍全面系统的工作过程知识，具体解决做什么、怎么做的问题；基于学习过程的教材站在学习与工作同时进行的角度编写，紧紧围绕基于工作过程的教材，设计体系化的引导问题，具体解决学什么、怎么学、为什么这么做、如何做得更好的问题。

　　本教材共有三个任务：计算器开发、调查问卷系统开发、企业管理留言系统开发。学生在实训过程中，通过企业背景调研、市场调研、可行性分析，完成企业信息化的用户需求分析、数据库设计、系统设计、软件开发、软件测试。

　　学生通过完成本教材的各项工作任务，具备了基于.NET 平台和 C#语言的应用软件开发知识，了解并熟悉商务软件业务流程及市场应用，能够胜任单机商务软件开发工作，养成良好的职业素养。

作　者

2018 年 6 月

Contents
目　录

第一章 单机商务软件开发课程描述

一、典型工作任务

单机商务软件是指仅能在单机上运行的，功能相对单一、模块结构相对简单的商务软件，如计算器、调查问卷系统、企业管理留言系统等。

开发单机商务软件是商务软件开发人员必须胜任的工作任务。单机商务软件虽然相对简单，但开发过程中需要使用开发环境，运用 C#语言基本语法，正确进行 SQL Server 数据库的简单操作，无法完成此项任务的人员将不能承担更复杂的商务软件开发工作。

商务软件开发人员从主管处领取任务书，制订开发计划，使用 . NET 开发平台，运用 C#语言及进行 SQL Server 数据库的基本操作，完成相关单机商务软件的开发，并运用单元测试及功能测试等基础软件测试手段对软件开发成果进行质量检验。最后还必须制作软件功能说明书和用户操作手册，连同软件一起交付客户。

作业过程中，应遵守软件开发企业及用户企业的相关规定。同时，在软件设计和开发的过程中，应按照软件开发行业的标准完成工作，尽可能地方便客户使用。

二、职业能力要求

学习完本课程后，学生应当能够胜任单机商务软件开发工作，同时养成良好的职业素养，具体要求包括：

（1）能与主管沟通，阅读任务书，并与用户沟通，确认用户的软件开发需求。

（2）能根据任务书和用户需求，客观分析软件开发任务中存在的技术关键点和难点，自行查阅参考教材或运用其他学习资源，设计解决方案，并制订安排合理、内容全面的工作进度计划。

（3）能正确运用 C#编程语法及 SQL Server 数据库基本操作方法，建立包含 3 ~ 5 张关联数据表的关系数据库，生成具有严谨逻辑性的 E - R 图，实现记录的增加、删除、修改、查询（包括单表查询和多表关联查询）功能。

（4）能根据任务书，独立进行软件开发成果的单元测试和功能测试，判断和排除软件存在的问题。

（5）能根据任务书，与用户沟通，完成单机商务软件开发工作的验收和使用培训工作。按"8S"标准整理作业现场，按企业作业规范填写工作日志，总结归纳问题，提出解决办法，必要时向用户提供技术答疑。

（6）能遵守软件开发企业和用户企业的相关规定，保护用户企业的商业机密。

三、学习内容

学生在本课程中，主要学习以下内容：

（1）C#语言的基本语法。

（2）SQL Server 数据库的基本操作：建立简单的关系数据库，内含 3~5 个关联数据表，建立简单的 E－R 图。

（3）界面设计的基础技术：创建较简单的界面，设计订单格式化表单、不同字段类型的支持、字段输入限制的支持、字段验证限制的支持等。

（4）单机商务软件记录的增加、删除、修改、查询（包括单表查询和多表关联查询）功能的实现手段。

（5）软件的单元测试和功能测试方法。

四、学习任务

参考性学习任务

序号	任务名称	学时
1	计算器开发	32
2	调查问卷系统开发	64
3	企业管理留言系统开发	64

五、任务组织

1. 任务组织概况

在真实工作情境或模拟工作情境下运用行动导向的教学理念实施教学，采取 3~6 人一组的分组教学形式，并在学习和工作过程中注重对学生职业素养的培养。

2．资源

（1）场地与设备。

建议配置可连接互联网的通用型计算机（1 名学生/工位），实训室必须有良好的照明和通风设备，场地具有集中教学区、分组讨论区、学生团队完成工作任务区、投影成果展示区。

（2）工具与材料。

建议按工位配置任务书、计算机、软件开发环境 Visual Studio 及 SQL Server 等软件、Office 套装软件（展示成果、制作软件相关文档时使用）、常用工具软件、U 盘、工作日志模板。

（3）学习资料。

准备任务书、工作页、教材、工作日志模板等教学资料，必要时向学生提供。

六、考核模式

课程结束后对学生的软件开发能力、逻辑思维能力、演讲表达能力、总结归纳能力进行考核。建议采用过程性评价和终结性评价相结合的方式，过程性评价占总成绩的30%，终结性评价占总成绩的70%。

1．过程性评价

建议采用自我评价、小组评价和教师评价相结合的方式进行，评价内容可包括学生的工作态度、职业素养、工作与学习成果等。

2．终结性评价

建议采用学生未学过且与已学过的任务难度相近的"单机商务软件开发"的工作任务为载体，要求学生完成该工作任务以考核学生的商务软件快速开发能力。

七、考核任务案例：企业管理留言系统的开发

1．任务描述

随着科学技术的不断提高，计算机网络技术也日渐成熟，现在许多网站均使用网上留言的信息服务。通过计算机网络能够实现足不出户就可以了解各种信息、咨询问题、

搜索资料等，人们也更多的是在网上进行交流。××公司决定开发一个在线留言系统。通过这个系统，企业与客户能够进行交流。客户可以将他的问题、建议和要求发布并保留在页面上，供其他客户浏览参考，这样可以减少一些重复的询问，降低了沟通成本，也节省了大量的人力物力。

开发人员需要运用 C#、SQL Server 等技术与方法，设计与实现一个在线留言系统，进一步理解和掌握 C#编程开发的基本技术和方法，熟练使用开发工具。

2. 考核方案

（1）考核要点。

①调研、理解并确认用户的需求，编写软件需求分析说明书（5%）。

②根据用户需求，使用 Visio 绘图工具正确绘制功能架构图（10%）。

③根据用户需求，使用 Visio 绘图工具绘制美观友好的软件相关界面（10%）。

④设计数据库，编写数据库文件（10%）。

⑤根据用户需求设计功能界面（10%）。

⑥根据功能设计，实现对应操作功能（10%）。

⑦使用 C#编程语言、SQL 数据库、对应开发工具以及第三方控件和类库，完成所有开发任务（25%）。

⑧使用 C#的异常处理方法以及高级应用完成代码编写（5%）。

⑨正确使用单元测试及功能测试手段，对软件开发成果进行测试（10%）。

⑩任务过程中体现应有的职业素养（5%）。

（2）过程性测评模式（30%，权值按学时比例分布）。

①输出成果（70%）。

②平时考勤（10%）。

③学习态度（20%）。

（3）终结性测评模式（70%）。

①收集输出成果、评分标准。

②学生独立展示作品：PPT 讲解、软件演示。

③企业导师或行业专家提问、学生答辩、任课教师补充。

④统一评分：任课教师（70%）、企业导师或行业专家（30%）。

（4）参与测评人员。

①过程性测评：任课教师。

②终结性测评：任课教师、企业导师或行业专家。

（5）参考资料。

完成上述任务的过程中，学生可以使用参考教材、以往的任务书、工作日志等参考资料。

第二章 工作任务

一、任务描述

单机商务软件是指仅能在单机上运行的、功能相对单一、模块结构相对简单的商务软件。本任务试图通过简单的单机软件开发，学习并掌握基于 . NET 平台和 C#语言的应用软件开发知识，了解并熟悉商务软件业务流程及市场应用，学到知识的同时掌握该项技术技能，最终实现教学与实际应用的无缝接轨。

工作任务包含计算器开发、调查问卷系统开发、企业管理留言系统开发这三个子任务，通过循序渐进和层层深入的方式学习知识、掌握技能、积累经验，实现现代职业教育的新目标。

二、工作任务一：计算器开发

1. 任务背景

计算器是一种可进行数字运算的工具。最早的计算工具，例如奇普（quipu 或 khipu），是古代印加人的一种结绳记事的工具，用来计数或者记录历史。它是由许多颜色的绳结编成的。此外，还有古希腊的安提凯希拉装置、中国的算盘等，如图 2－1 所示。中国古代最早使用的计算工具叫筹策，又被称作算筹。算筹多用竹子制成，也有用木头、兽骨充当材料的，每束约 270 枚，放在布袋里，可随身携带。直到今天仍在使用的算盘，是中国古代计算工具领域中的另一项发明，明代的算盘已经与现代的算盘几乎相同。

图 2 - 1　中国算盘

早期的计算器为纯手动式，如算盘、算筹等。算盘通常是以滑动的珠子制成的。在西方，算盘在阿拉伯数字流行前使用了数个世纪，且在记账与商务上广泛使用。后来出现机械计算器。17 世纪初，西方国家的计算工具有了较大的发展，英国数学家纳皮尔发明了"纳皮尔算筹"，英国牧师奥却德发明了圆柱形对数计算尺，这种计算尺不仅能做加、减、乘、除、乘方、开方运算，甚至可以计算三角函数、指数函数和对数函数。这些计算工具不仅带动了计算器的发展，也为现代计算器的发展奠定了良好的基础，成为现代社会应用广泛的计算工具。

1642 年，年仅 19 岁的法国伟大数学家帕斯卡发明了第一部机械式计算器，在他的计算器中有一些互相联锁的齿轮，一个转过十位的齿轮会使另一个齿轮转过一位。人们可以像拨电话号码盘那样，把数字拨进去，计算结果就会出现在另一个窗口中，但是只能做加减计算。1673 年，莱布尼兹在德国将其改进后可以进行乘除计算。此后，直到 20 世纪 50 年代末电子计算器才出现。

19 世纪，巴贝奇将计算工具的概念更往前推，试图设计第一个可编程式计算器，但他建造的机器太重了，因而无法操作。

20 世纪 70 年代开始，微处理器技术被吸纳进计算器制程，最初的微处理器是英特尔（Intel）于 1971 年为日本名为 Busicom（ビジコン）的计算器公司生产的。1972 年，惠普推出第一款掌上科学计算器 HP - 35。

计算器根据其表现形式，一般可分为实物计算器和软件计算器两大类。

（1）实物计算器。

此类计算器一般是手持式计算器，便于携带，使用也较方便。但一般情况下，功能较简单，也不太方便进行功能升级，只有少部分功能强大的图形式手持计算器，如图 2 -2 所示。

图2-2 实物（便携）计算器

（2）软件计算器。

此类计算器以软件的形式存在，如图2-3所示，能在计算机、平板电脑或智能手机上使用。此类计算器功能多，可以通过软件升级进行功能扩展，随着平板电脑与智能手机的普及，软件计算器的应用会越来越广泛，最终有望取代传统的手持式计算器。

图2-3 软件（Windows）计算器

软件计算器一般可分为三类：普通计算器、专用计算器和综合功能计算器。

①普通计算器。

普通计算器包含以下四类：

算术型计算器：可进行加、减、乘、除简单的四则运算，又称简单计算器。

科学型计算器：可进行乘方、开方、指数、对数、三角函数、统计等方面的运算，又称函数计算器。

程序员计算器：专门为程序员设计的计算器，主要特点是支持 And、Or、Not、Xor 等最基本的与、或、非、异或操作，以及移位操作 Lsh、Rsh、RoL、RoR。Lsh 全称是 Left Shift，Rsh 全称是 Right Shift，也就是左移和右移操作，需输入要移动的位数（不能大于最大位数）；RoL 全称是 Rotate Left，RoR 全称是 Rotate Right，对于 RoL 来讲，就是向左移动一位，并将移出的那位补到最右边，RoR 则反之。

统计计算器：为有统计要求的人员设计的计算器。

②专用计算器。

专用计算器，如个人所得税计算器、房贷计算器、油耗计算器等。

③综合功能计算器。

此类计算器除了具有普通计算器的功能外，还可以由使用者自己编写程序或公式，把较复杂的运算步骤或者公式储存起来，方便以后调用，进行多次重复的运算，甚至能打印计算过程与结果，如图 2-4 所示。大多数的专用计算器功能它都可实现，如个人所得税计算、单位换算等都可以由使用者自行编程计算。使用者也可以到网上下载别人制作好的公式文件进行计算。综合功能计算器适用范围广，不仅适用于普通用户，也适用于程序员，更适用于各个行业（如建筑、水利、机械、结构、医学等）的复杂计算和大学生的毕业设计。中小学生也可使用它来学习数学知识和一些简单的编程计算。

图 2-4 超级公式计算器

2．任务介绍

人们使用计算器的目的各不相同，但是我们很容易发现，关于计算的问题生活中随处可见，于是，计算器成为计算机、手机及平板电脑中必备的工具软件。我们通过使用这些设备所携带的计算器，即可进行普通计算或者复杂的运算，也可以用来处理不同数值之间的转化，以及进行数学中经常用到的弧度、梯度、角度等运算。

在本阶段，需要运用所学的知识，采用 Visual Studio 作为开发工具，开发一套基于 Windows 系统的计算器软件。计算器的设计按软件工程的设计方法进行，系统须具有良好的界面和必要的交互信息，以及简约美观的效果。使用人员能快捷简单地进行操作，既可使用鼠标点击按钮进行操作，也可直接通过键盘输入，即时准确地获得需要的计算结果，充分降低数字计算的难度，节约时间。

计算器软件的功能要求实现基本的运算操作，主要包括加、减、乘、除四则运算，以及求平方、求开方、求百分比运算等功能。

3．任务要求

（1）尝试使用 Windows 系统自带的计算器软件，并参考该软件进行功能设计。

（2）根据教学要求，开发出适合软件管理的界面风格。

（3）完成计算器软件主界面设计。

（4）实现计算器的加、减、乘、除四则运算基本功能。

（5）实现计算器的求平方、求开方和求百分比等高级功能。

（6）计算器软件的操作必须简单便捷。

（7）完成软件开发所需的相关文档。

（8）按任务成果清单要求命名文件或文件夹。

4．任务成果清单

所有文件保存在 Calculator_×× 文件夹（×× 为你的学号），如表 2－1 所示。

表 2－1　任务成果清单

序号	内容	命名	备注
1	计算器软件需求规格说明书	Calculator_Specification_××.docx	×× 为你的学号
2	计算器软件功能架构图	Calculator_FunctionDiagram_××.vsdx	×× 为你的学号
3	计算器软件界面图	Calculator_UI_××.jpg	×× 为你的学号

（续上表）

序号	内容	命名	备注
4	计算器软件详细设计说明书	Calculator_DetailedDesign. docx	××为你的学号
5	计算器程序	Calculator_××.exe	提交可执行文件，××为你的学号
6	计算器程序源代码	Calculator_××	提交源代码文件夹，××为你的学号
7	计算器软件测试报告	Calculator_TestReport_××.docx	××为你的学号
8	计算器软件操作手册	Calculator_OperationManual_××.docx	××为你的学号

5. 知识和技能要求

在完成此任务之前，需要掌握软件开发的基本知识，具备一定的软件开发技能，如表 2 - 2 所示。

表 2 - 2　知识和技能要求

序号	知识	参考资料	技能
1	. NET Framework 框架；Visual Studio 2015 开发工具	《C#入门经典（第 7 版）》第 1 章 "C#简介"	掌握 Visual Studio 2015 开发工具的安装、卸载及组件安装
2	C#编程语言及语法	《C#入门经典（第 7 版）》第 2 章 "编写 C#程序"、第 7 章 "调试和错误处理"	能够使用软件工具，例如 Visual Studio 2015 创建应用程序项目文件并进行简单运行、调试和错误处理
3	常用办公软件 Word、Excel、PowerPoint、Visio	《Word/Excel/PowerPoint 2016 办公应用从入门到精通》	使用办公软件创建相应的需求文档
4	C#编程语言的基本语法、变量、表达式和命名空间	《C#入门经典（第 7 版）》第 3 章 "变量和表达式"、第 5 章 "变量的更多内容"	能使用开发工具 Visual Studio 2015 进行软件开发；能编写简单代码、运行应用程序和调试应用程序
5	C#编程语言的类、类成员、函数及流程控制	《C#入门经典（第 7 版）》第 4 章 "流程控制"、第 6 章 "函数"、第 9 章 "定义类"、第 10 章 "定义类成员"	能使用 C#语言编写通用类和类库，并能够调用
6	面向对象编程和 Windows 应用程序开发	《C#入门经典（第 7 版）》第 8 章 "面向对象编程简介"、第 14 章 "基本桌面编程"	能够使用开发工具 Visual Studio 2015 创建解决方案；熟练掌握各控件属性并使用控件创建 Windows 应用程序 UI 界面

6. 任务内容

6.1 编写软件需求规格说明书（Write Software Requirements Specification）

根据任务背景介绍，以及对 Windows 系统的计算器工具的理解，并结合任课教师的要求，编写计算器软件需求规格说明书。

在此阶段，需要运用所学的知识及经验，根据任课教师所提供的软件需求规格说明书格式模板进行填写。所编写的需求规格说明书必须遵循以下要求：

（1）必须符合国家标准 GB856T—88 的软件需求规格说明书格式要求。

（2）文件名称必须按照成果清单的要求命名。

（3）必须根据用户功能需求填写计算器软件需求规格说明书。

此阶段完成后，需要将成果文件（计算器软件需求规格说明书）保存为 Calculator_Specification_××.docx，并存放到指定的位置，其中××为你的学号。

6.2 绘制软件功能架构图（Draw Function Diagram）

功能架构图，又称功能结构图，就是将系统的功能进行分解，按功能从属关系绘制的图表。功能结构图设计过程就是把一个复杂的系统分解为多个功能较单一的模块的过程。这种分解方法称作模块化。模块化是一种重要的设计思想，把一个复杂的系统分解为一些规模较小、功能较简单、更易于建立和修改的部分。一方面，各个模块具有相对独立性，可以分别加以设计实现；另一方面，模块之间的相互关系（如信息交换、调用关系），则通过一定的方式予以说明。各模块在这些关系的约束下共同构成统一的整体，完成系统的各项功能。

在此阶段，需要熟悉任务需求和任课教师的要求，使用 Visio 工具软件绘制出计算器软件的整体功能架构图。软件功能架构图绘制必须遵循以下要求：

（1）功能架构图应该直观体现系统功能模块。

（2）功能架构图应该明确体现系统内部逻辑关系。

（3）必须使用 Visio 工具软件绘制。

此阶段完成后，需要将成果文件（计算器软件功能架构图）保存为 Calculator_FunctionDiagram_××.vsdx，并存放到指定的位置，其中××为你的学号。

6.3 应用程序界面设计（Interface Design of Program）

软件界面也称作 UI（User Interface），是人机交互的重要部分，是软件使用的第一印象，也是软件设计的重要组成部分。界面设计是为了满足软件专业化、标准化的需求而产生的对软件的使用界面进行美化、优化、规范化的设计分支，具体包括软件启动封面设计、软件框架设计、按钮设计、面板设计、菜单设计、标签设计、图标设计、滚动条及状态栏设计、安装过程设计、包装及商品化等。

在此阶段，需要根据计算器软件功能架构图，以及对计算器软件需求的理解，设计出计算器软件的操作主界面。主界面设计可以参考图 2 - 5 所示的界面，或者根据自己的设计思路完成。

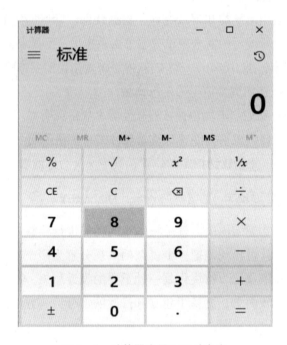

图 2 - 5　计算器主界面设计参考

设计必须遵循以下要求：

（1）界面设计必须使用 Visio 工具软件完成。

（2）所设计的界面必须美观友好且布局合理。

（3）主界面应该包含 0 ~ 9 共十个字符按钮。

（4）主界面至少包含加、减、乘、除四个运算符按钮。

（5）主界面应包含求平方、求开方和求百分比的按钮。

（6）主界面应该包含小数点（·）按钮、等号（=）按钮、退格（Backspace）按钮和归零（AC）按钮。

（7）主界面应该包含用于显示输入及计算结果的文本框。

（8）主界面标题栏应该显示"Windows 计算器"字样。

（9）主界面应有最大化、最小化及关闭三个功能按钮。

此阶段完成后，需要将成果文件 Calculator_UI_××. jpg 保存到指定的存放位置，××

为你的学号。一般情况下，不需要提交界面设计图的原稿文件，但保留设计图原稿文件是非常有用的。

6.4 编写详细设计说明书（Write Detailed Design Instructions）

详细设计说明书，又称程序设计说明书。编制目的是说明一个软件系统各个层次中的每一个程序（每个模块或子程序）的设计考虑。

在此阶段，需要根据任务背景介绍，以及对 Windows 系统的计算器工具使用的理解，并结合任课教师的要求，编写计算器软件详细设计说明书。

编写计算器软件详细设计说明书时，需要运用所学的知识及经验，根据任课教师所提供的软件详细设计说明书格式模板进行填写。所编写的计算器软件详细说明书必须遵循以下要求：

（1）必须符合国家标准 GB8567—88 的软件详细设计说明书格式要求。

（2）文件名称必须按照成果清单的要求命名。

（3）必须根据功能设计需求填写计算器软件详细设计说明书。

此阶段完成后，需要将成果文件（计算器软件详细设计说明书）保存为 Calculator_DetailedDesign_××.docx，并存放到指定的位置，其中××为你的学号。

6.5 创建解决方案及项目（Create Solutions and Projects）

在 Visual Studio 中创建应用、应用程序、网站、Web 应用、脚本、插件等时，先从项目开始。在逻辑意义上，项目包含所有源代码文件、图标、图像、数据文件以及将编译到可执行程序或网站中，或是执行编译所需的其他内容。项目还包含所有编译器设置以及程序将与之通信的各种服务或组件需要的其他配置文件。

从文字意义上讲，一个项目是一个 XML 文件（＊.vbproj、＊.csproj、＊.vcxproj），定义路径的虚拟文件夹层次结构与它"包含"的所有项和生成的所有设置相同。在 Visual Studio 中，项目文件由解决方案资源管理器用于显示项目内容和设置。编译项目时，MSBuild 引擎会使用项目文件创建可执行文件，还可以自定义项目以生成其他类型的输出。

在逻辑意义上和文件系统中，项目包含在解决方案中，后者可能包含一个或多个项目，以及生成信息、Visual Studio 窗口设置和不与任何项目关联的杂项文件。从字面意义上讲，解决方案是具有自己唯一格式的文本文件，它通常不应进行手动编辑。

与解决方案具有关联的 ＊.suo 文件为处理过项目的每个用户存储设置、首选项和配置信息。

图 2-6 显示的是项目与解决方案，以及它们在逻辑上包含的项目之间的关系。

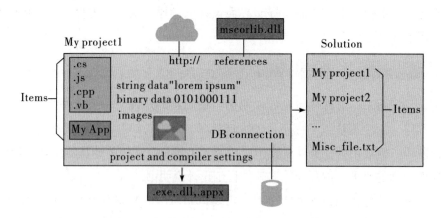

图 2 - 6   Visual Studio **项目与解决方案逻辑关系**

此阶段将进入正式的开发阶段，需要使用 Visual Studio 开发平台为计算器系统创建一个项目解决方案文件。所创建的项目及解决方案必须遵循以下要求：

（1）项目及解决方案名称为 Calculator_××，其中××为你的学号，如图 2 - 7 所示。

（2）项目模板必须是 Visual C#模板，如图 2 - 7 所示。

（3）所创建的项目必须为 Windows 窗体应用程序，如图 2 - 7 所示。

（4）按默认位置存放当前项目文件。

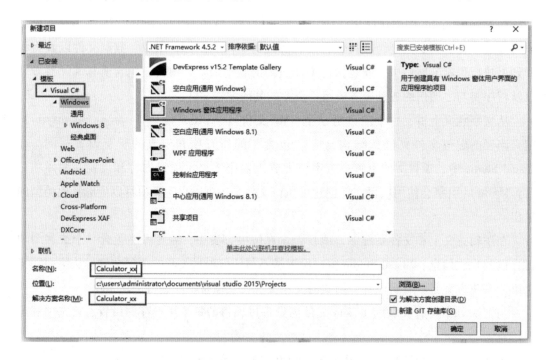

图 2 - 7   Visual Studio **项目创建**

此阶段完成后，Visual Studio 工具软件将在计算机指定目录生成项目文件，目录如 c：\users\administrator\documents\visual studio 2015\Projects。需要知道项目文件的存放位置，以便后续开发时能及时找到文件，定期对项目文件进行复制备份也是非常重要且有用的。

6.6 设计软件界面（Design Software Interface）

根据详细设计说明书和应用程序界面设计图，完成应用程序界面设计。应用程序界面设计必须遵循以下要求：

（1）主界面标题栏应显示"Windows 计算器"字样，如图 2-8 所示。

（2）主界面应有最大化、最小化及关闭三个功能按钮，如图 2-9 所示。

（3）主界面应该包含 0~9 共十个字符按钮，如图 2-10 所示。

（4）主界面至少包含加、减、乘、除四个运算符按钮，如图 2-11 所示。

（5）主界面应包含求平方、求开方和求百分比的特殊运算符按钮，如图 2-12 所示。

（6）主界面应该包含小数点按钮、等号按钮、退格按钮和归零按钮等其他按钮，如图 2-13 所示。

（7）主界面应该包含用于显示输入及计算结果的文本框，并且文本框显示方式为靠右显示，如图 2-14 所示。

（8）在本阶段，所有的控件应遵循统一的命名规范，以便养成良好的开发习惯和专业素养。

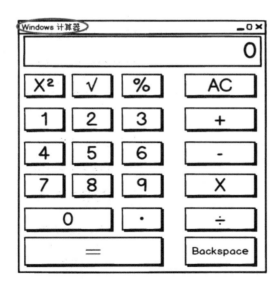

图 2-8 主界面标题栏显示

图2-9　主界面常规按钮显示

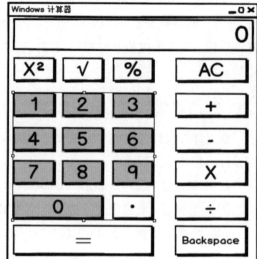

图2-10　数字按钮

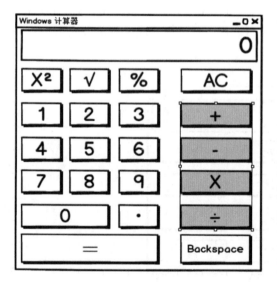

图2-11　运算符按钮

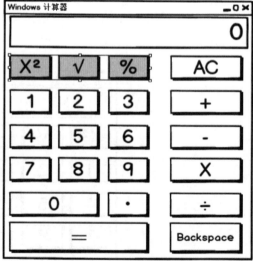

图2-12　特殊运算符按钮

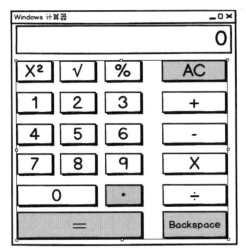

图2-13 其他按钮

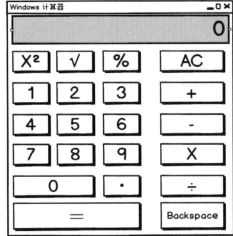

图2-14 输入文本框显示

此阶段完成后，需要保存设计的项目文件，以便下次可以在此基础上继续使用和完善项目功能。

6.7 功能实现之基础功能实现（Function Realization：Basic Functions）

在此阶段，需要在上一阶段所开发设计出来的计算器软件界面基础上，实现基本的功能，这些功能包含基本的按钮事件和输入显示，具体要求如下：

（1）实现0~9按钮事件，使得点击任意按钮时，都能在显示文本框里显示出对应的数值。比如依次点击1~9按钮时，文本框依次显示1~9，如图2-15所示。

（2）实现自动纠正输入错误事件，使首先点击0按钮时，再次点击其他非0按钮，如果没有小数点，则自动将前面的0去掉。比如依次点击按钮0、1、2、3，则文本框应显示123，而非0123，如图2-16、图2-17所示。

（3）实现归零按钮事件，使点击该按钮时，清空文本框输入内容，并显示0，如图2-18所示。

（4）实现退格按钮事件，使点击一次该按钮时，文本框显示内容减少一位，并且减少的内容必须是显示内容的最后一位，如图2-19、图2-20所示。

（5）实现退格按钮事件，使连续点击该按钮时，如果此时已经没有内容可以退位，应在文本框显示0，如图2-21所示。

（6）实现小数点按钮事件，使点击该按钮时，文本框显示内容增加小数点。比如依次输入1、·、2，则文本框显示1.2，如图2-22所示。

（7）如果多次点击小数点按钮，文本框显示内容必须只有一个小数点，并且当非连续点击时，文本框仍然只显示最先输入的小数点。比如依次点击 0、·、·、1，则显示 0.1，如图 2 -23 所示；依次点击 0、·、1、·、2，则显示 0.12，而非 0.1.2，如图 2 -24 所示。

（8）实现加、减、乘、除按钮事件，使依次点击对应按钮时，能在文本框显示对应符号，如图 2 -25 所示。

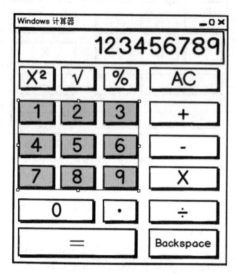

图 2 -15　数字按钮事件

图 2 -16　连续点击 0 按钮时显示

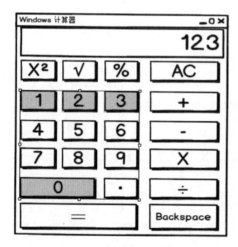

图 2 -17　点击 0 按钮再点击其他
　　　　数字按钮时显示

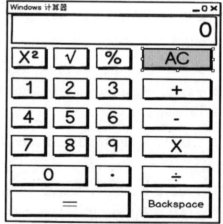

图 2 -18　点击归零按钮事件

图 2-19 点击退格按钮前

图 2-20 点击退格按钮后

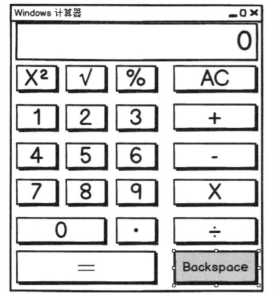
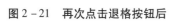

图 2-21 再次点击退格按钮后

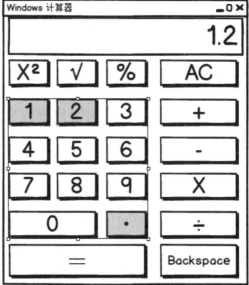

图 2-22 小数点按钮事件

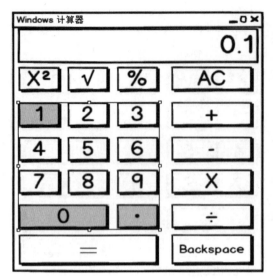

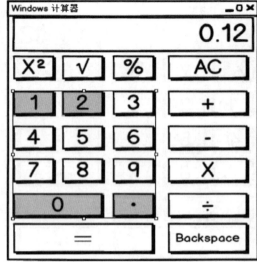

图 2 – 23　连续点击小数点按钮事件　　　　图 2 – 24　非连续点击小数点按钮事件

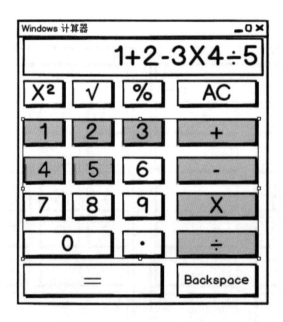

图 2 – 25　运算符按钮点击事件

6.8　功能实现之加法运算功能实现（Function Realization：Addition Operation）

加法是基本的四则运算之一，是指将两个或者两个以上的数合起来，变成一个数的计算。表达加法的符号为加号。进行加法时以加号将各项连接起来。

在此阶段，需要按照功能设计及以往经验来设计并实现加法运算功能。加法运算功能要求满足如下条件：

（1）实现简单加法计算功能，如依次点击按钮1、+、2时，文本框显示输入内容，如图2-26所示；当点击=按钮时，文本框显示正确计算结果3，如图2-27所示。

（2）实现连加功能，如依次点击按钮1、+、2、+、3时，文本框显示输入内容，如图2-28所示；当点击=按钮时，文本框显示正确计算结果6，如图2-29所示。

（3）实现两位数以上加法运算功能，如依次点击按钮1、2、+、3、4时，文本框显示输入内容，如图2-30所示；当点击=按钮时，文本框显示正确计算结果46，如图2-31所示。

（4）实现带小数点相加功能，如依次点击按钮0、·、2、+、0、·、8，文本框显示输入内容，如图2-32所示；当点击=按钮时，文本框显示正确计算结果1，如图2-33所示。

（5）实现数据溢出提示功能，即当用户输入的数值过大或者计算结果过大时，提示用户数值已超出计算范围，如图2-34、图2-35所示。

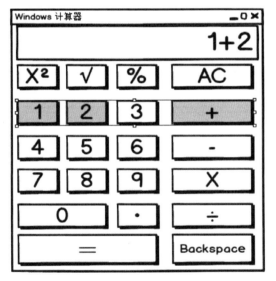

图2-26 加法运算输入显示

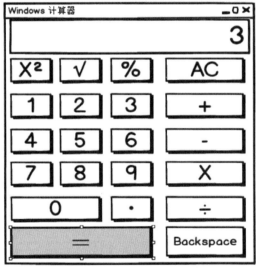

图2-27 加法计算结果

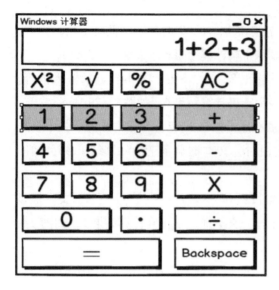

图 2-28　连加计算输入显示

图 2-29　连加计算结果

图 2-30　多位数相加输入显示

图 2-31　多位数相加计算结果

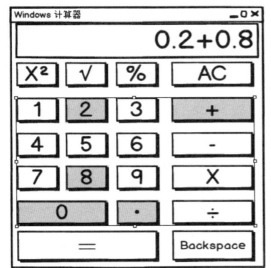

图 2 – 32 带小数点相加运算输入显示

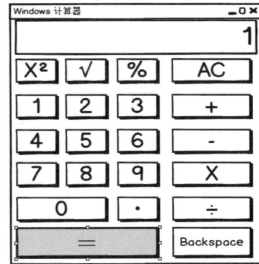

图 2 – 33 带小数点相加运算结果

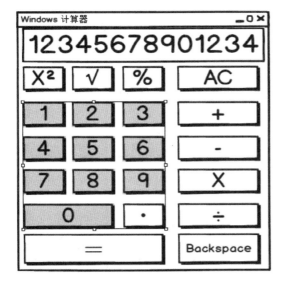

图 2 – 34 输入大数值数据

图 2 – 35 数据溢出提示

此阶段完成后，需要保存设计的项目文件，以便下次可以在此基础上继续使用和完善项目功能。

6.9 功能实现之减法运算功能实现（Function Realization：Subtraction Operation）

减法运算是加法的逆运算。

在此阶段，需要按照功能设计及以往经验来设计并实现减法运算功能。减法运算功能要求满足如下条件：

（1）实现简单减法计算功能，如依次点击按钮2、－、1时，文本框显示输入内容，如图2－36所示；当点击＝按钮时，文本框显示正确计算结果1，如图2－37所示。

（2）实现连减功能，如依次点击按钮3、－、1、－、1时，文本框显示输入内容，如图2－38所示；当点击＝按钮时，文本框显示正确计算结果1，如图2－39所示。

（3）实现两位数以上减法运算功能，如依次点击按钮2、0、－、1、3时，文本框显示输入内容，如图2－40所示；当点击＝按钮时，文本框显示正确计算结果7，如图2－41所示。

（4）实现带小数点相减功能，如依次点击按钮1、·、5、－、0、·、6，文本框显示输入内容，如图2－42所示；当点击＝按钮时，文本框显示正确计算结果0.9，如图2－43所示。

（5）计算结果负数功能，即当小数值减去大数值时，计算结果应该为负数，如依次点击按钮6、－、8时，文本框显示输入内容，如图2－44所示；当点击＝按钮时，文本框显示正确计算结果－2，如图2－45所示。

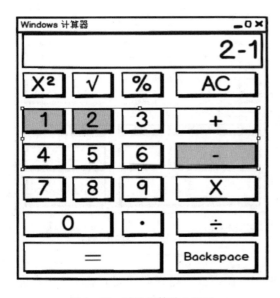

图2－36　减法运算输入显示　　　　　　图2－37　减法计算结果

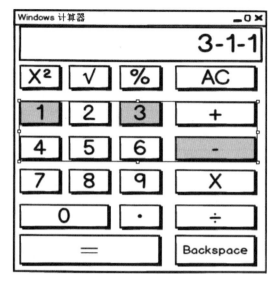

图 2-38　连减计算输入显示

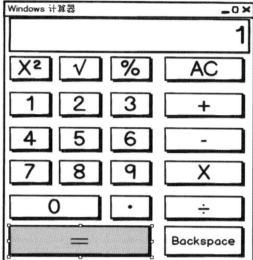

图 2-39　连减计算结果

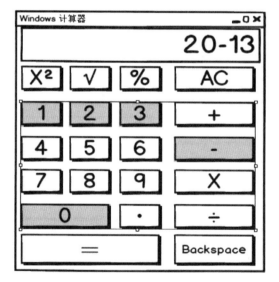

图 2-40　多位数相减输入显示

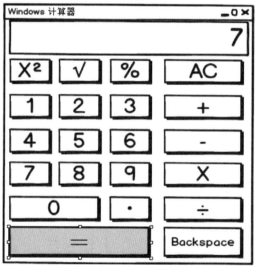

图 2-41　多位数相减计算结果

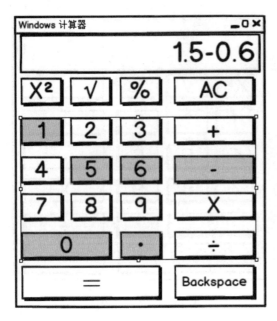

图 2-42　带小数点相减运算输入显示

图 2-43　带小数点相减运算结果

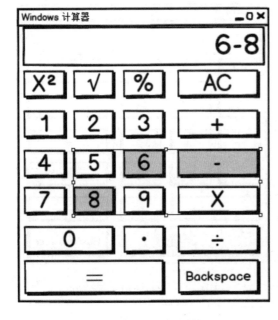

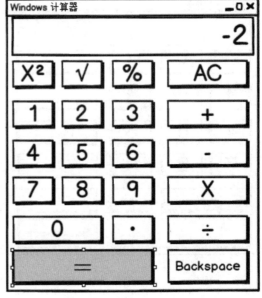

图 2-44　小数值减大数值输入显示

图 2-45　负数计算结果

此阶段完成后，需要保存设计的项目文件，以便下次可以在此基础上继续使用和完善项目功能。

6.10 功能实现之乘法运算功能实现（Function Realization：Multiply Operation）

乘法运算是加法的特殊形式。

在此阶段，需要按照功能设计及以往经验来设计并实现乘法运算功能。乘法运算功能要求满足如下条件：

（1）实现简单乘法计算功能，如依次点击按钮 1、×、2 时，文本框显示输入内容，如图 2 - 46 所示；当点击 = 按钮时，文本框显示正确计算结果 2，如图 2 - 47 所示。

（2）实现连乘功能，如依次点击按钮 4、×、5、×、6 时，文本框显示输入内容，如图 2 - 48 所示；当点击 = 按钮时，文本框显示正确计算结果 120，如图 2 - 49 所示。

（3）实现两位数以上乘法运算功能，如依次点击按钮 1、2、×、3、4 时，文本框显示输入内容，如图 2 - 50 所示；当点击 = 按钮时，文本框显示正确计算结果 408，如图 2 - 51 所示。

（4）实现带小数点相乘功能，如依次点击按钮 0、·、3、×、0、·、7，文本框显示输入内容，如图 2 - 52 所示；当点击 = 按钮时，文本框显示正确计算结果 0.21，如图 2 - 53 所示。

（5）实现数据溢出提示功能，即当两数相乘超出计算范围时，提示用户，如依次点击按钮 1、2、3、4、5、6、7、8、9、×、9、8、7、6、5、4、3、2、1 时，文本框显示输入内容，如图 2 - 54 所示；当点击 = 按钮时，提示用户该运算超出计算范围，如图 2 - 55 所示。

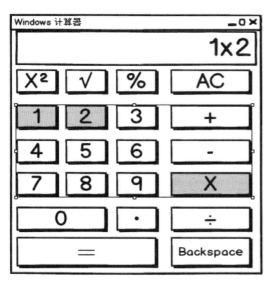

图 2 - 46 乘法运算输入显示

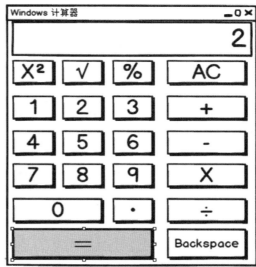

图 2 - 47 乘法计算结果

图 2-48　连乘计算输入显示

图 2-49　连乘计算结果

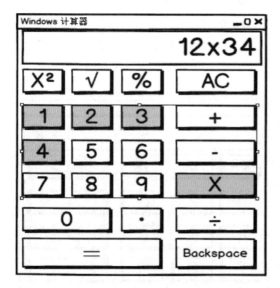

图 2-50　多位数相乘输入显示

图 2-51　多位数相乘计算结果

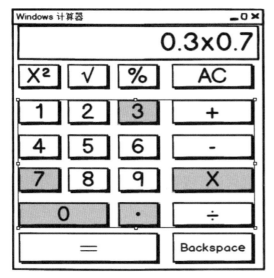

图 2 - 52　带小数点相乘运算输入显示

图 2 - 53　带小数点相乘运算结果

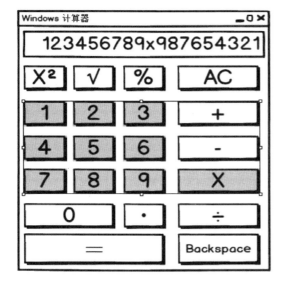

图 2 - 54　大数值相乘输入显示

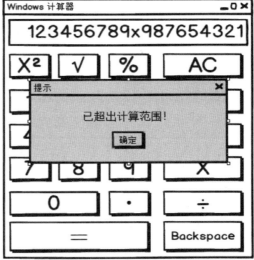

图 2 - 55　超出计算范围提示

　　此阶段完成后，需要保存设计的项目文件，以便下次可以在此基础上继续使用和完善项目功能。

6.11 功能实现之除法运算功能实现（Function Realization：Division Operation）

除法运算是乘法的逆运算。

在此阶段，需要按照功能设计及以往经验来设计并实现除法运算功能。除法运算功能要求满足如下条件：

（1）实现简单除法计算功能，如依次点击按钮6、÷、2时，文本框显示输入内容，如图2－56所示；当点击＝按钮时，文本框显示正确计算结果3，如图2－57所示。

（2）实现连除功能，如依次点击按钮8、÷、2、÷、2时，文本框显示输入内容，如图2－58所示；当点击＝按钮时，文本框显示正确计算结果2，如图2－59所示。

（3）实现两位数以上除法运算功能，如依次点击按钮1、2、÷、1、2时，文本框显示输入内容，如图2－60所示；当点击＝按钮时，文本框显示正确计算结果1，如图2－61所示。

（4）实现带小数点相除功能，如依次点击按钮0、·、8、÷、0、·、4，文本框显示输入内容，如图2－62所示；当点击＝按钮时，文本框显示正确计算结果2，如图2－63所示。

（5）实现有余数情况下的除法功能，即当两数相除除不尽时，应显示对应的四舍五入结果值，并保留一定的小数位，如依次点击按钮8、÷、3时，文本框显示输入内容，如图2－64所示；当点击＝按钮时，文本框显示保留10位小数的四舍五入计算结果2.6666666667，如图2－65所示。

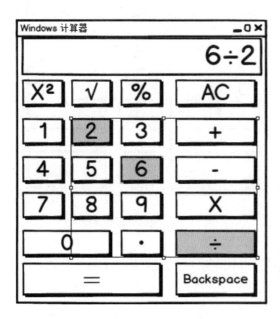
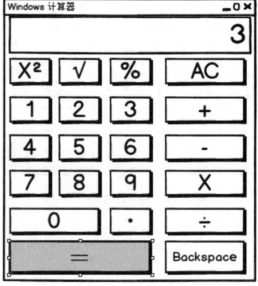

图2－56　除法运算输入显示　　　　　　　　图2－57　除法计算结果

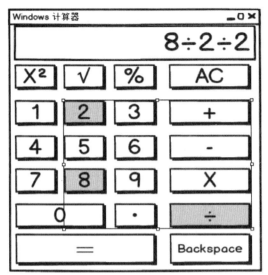

图 2 - 58 连除计算输入显示

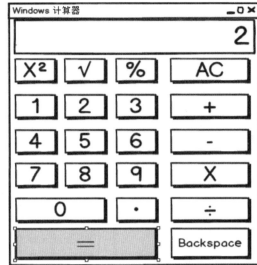

图 2 - 59 连除计算结果

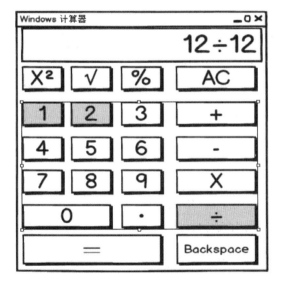

图 2 - 60 多位数相除输入显示

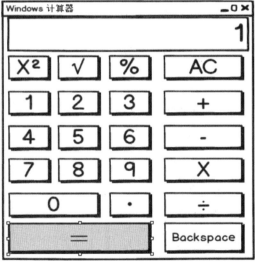

图 2 - 61 多位数相除计算结果

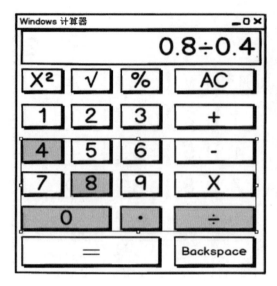

图2-62　带小数点相除运算输入显示

图2-63　带小数点相除运算结果

图2-64　无法除尽的计算输入显示

图2-65　无法除尽的计算结果显示方式

　　此阶段完成后，需要保存设计的项目文件，以便下次可以在此基础上继续使用和完善项目功能。

6.12　功能实现之其他运算功能实现（Function Realization：Other Operation）

标准的计算器软件除了包含加、减、乘、除四则运算外，还包含一些其他常用的计算，如求平方、求开方、求百分比等。

在此阶段，需要按照功能设计及以往经验来设计并实现一些其他基本的运算功能。这些运算分别是求平方、求开方和求百分比的快捷计算功能，具体要求包括：

（1）实现求平方计算功能，如依次点击按钮 2、X^2 时，表示求 2 的平方数，文本框显示正确计算结果 4，如图 2 - 66 所示；当再次点击 X^2 按钮时，则表示求 4 的平方数，文本框显示正确计算结果 16，如图 2 - 67 所示。即每一次点击 X^2 按钮时，都是计算当前文本框显示内容的平方数。

（2）实现求开方计算功能，如依次点击按钮 8、1、√时，表示求 81 的开方数，文本框显示正确计算结果 9，如图 2 - 68 所示；当再次点击√按钮时，则表示求 9 的开方数，文本框显示正确计算结果 3，如图 2 - 69 所示。即每一次点击√按钮时，都是计算当前文本框显示内容的开方数。

（3）实现求百分比运算功能，如依次点击按钮 7、×、5、0 时，文本框显示输入内容 7×50，如图 2 - 70 所示；当点击%按钮时，表示求 7 的 50% 的值，此时文本框显示正确计算结果 3.5，如图 2 - 71 所示。

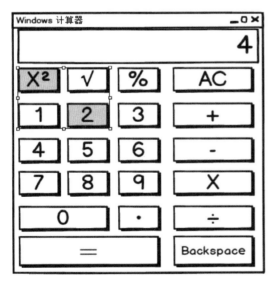

图 2 - 66　求平方计算

图 2 - 67　二次求平方计算

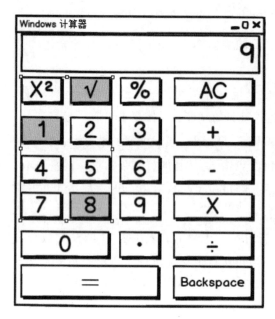

图2-68　开方计算

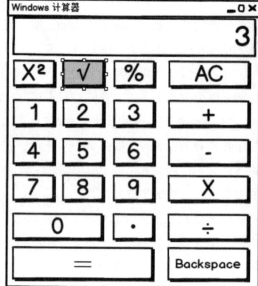

图2-69　二次开方计算

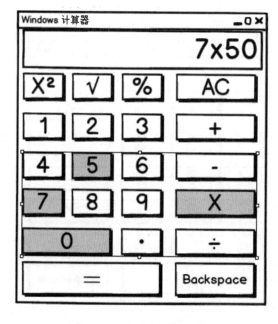

图2-70　求百分比输入显示

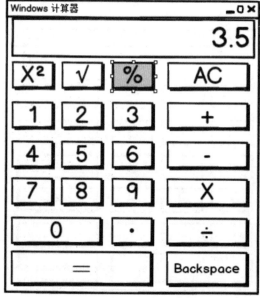

图2-71　百分比计算结果

　　此阶段完成后，需要保存设计的项目文件，以便下次可以在此基础上继续使用和完善项目功能。

6.13　功能实现之综合运算功能实现（Function Realization：Comprehensive Operation）

综合运算是指包含多个运算符的计算。

在此阶段，需要按照功能设计及以往经验来设计并实现计算器的综合运算功能。综合运算功能要求满足如下条件：

（1）综合运算要求按照先输入先计算原则，如依次点击按钮1、+、2、-、3时，先计算1+2=3，再算3-3=0，即当点击-按钮时，实际上已经计算出了1+2的结果，此时文本框显示3，当再点击-、3、=按钮时，计算3-3的结果，如图2-72至图2-75所示。

（2）实现包含加、减运算符的计算功能，如依次点击按钮4、+、5、-、6时，文本框显示内容先为4+5，如图2-76所示，再显示9-6，如图2-77所示；当点击=按钮时，文本框显示正确计算结果3，如图2-78所示。

（3）实现包含加、减、乘运算符的计算功能，如依次点击按钮4、+、3、-、2、×、1时，文本框显示内容先为4+3，如图2-79所示，再显示7-2，如图2-80所示，然后显示5×1，如图2-81所示；当点击=按钮时，文本框显示正确计算结果5，如图2-82所示。

（4）实现包含加、减、乘、除运算符的计算功能，如依次点击按钮7、+、6、-、5、×、2、÷、1时，文本框显示内容先为7+6，如图2-83所示，再显示13-5，如图2-84所示，然后显示8×2，如图2-85所示，最后显示16÷1，如图2-86所示；当点击=按钮时，文本框显示正确计算结果16，如图2-87所示。

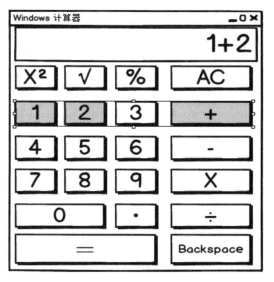

图2-72　输入1+2时显示

图2-73　输入减号时显示

图 2-74　再次输入 3 时显示

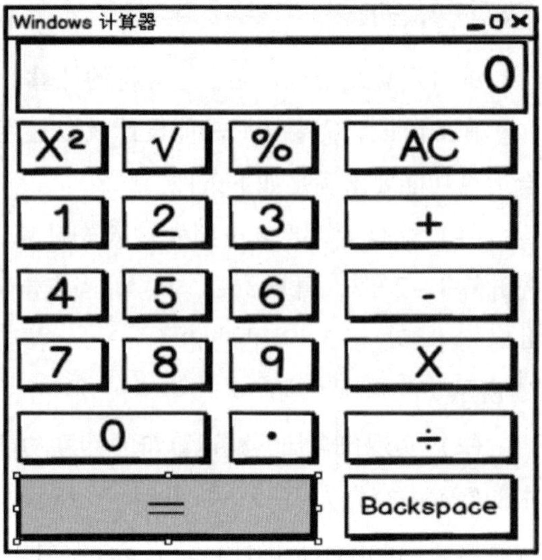

图 2-75　按等号时的运算结果显示

图 2-76　输入 4+5 时显示

图 2-77　输入 -6 时显示

图 2-78　按等号时的运算结果显示

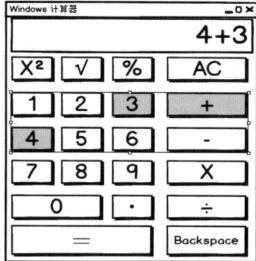

图 2-79　输入 4+3 时显示

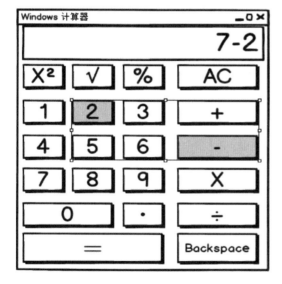

图 2-80　输入 -2 时显示

图 2-81　输入 ×1 时显示

图 2-82　按等号时的运算结果显示

图 2-83　输入 7+6 时显示

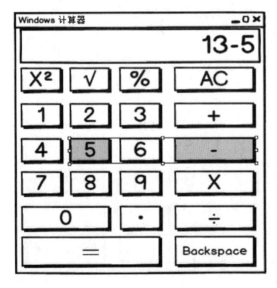

图 2-84　输入 -5 时显示

图 2-85　输入 ×2 时显示

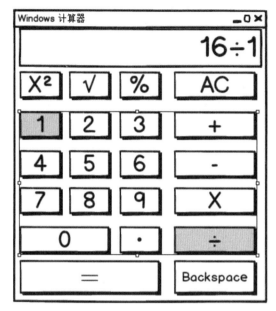
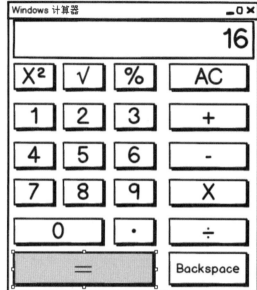

图 2 - 86　输入 ÷1 时显示　　　　　图 2 - 87　按等号时的运算结果显示

此阶段完成后，需要保存设计的项目文件，以便下次可以在此基础上继续使用和完善项目功能。

6.14　运行并测试应用程序（Run and Test the Program）

到此阶段，工作任务一的系统开发阶段已经基本结束。此时需要对所开发的计算器应用程序进行测试并填写相应的测试报告。此阶段的任务要求必须满足如下条件：

（1）编译并运行应用程序，将编译生成的可执行文件复制出来运行。

（2）单独运行可执行文件来进行软件测试，而非在调试模式下运行。

（3）测试完成后，根据任课教师提供的模板填写测试报告。

（4）文件名称必须按照成果清单的要求命名。

此阶段完成后，需要将成果文件提交到指定的位置存放，成果文件包含可运行的应用程序 Calculator_××.exe、项目源代码文件夹 Calculator_×× 以及填写完善后的测试报告 Calculator_TestReport_××.docx，其中 ×× 为你的学号。及时备份文件是非常必要且有用的。

6.15　编写用户使用手册（Write Operation Manual）

到此阶段，工作任务一的系统开发阶段已经结束。此时需要为所开发的计算器应用程序编写用户使用手册，以便交付用户使用后，用户能方便快捷地上手。编写用户手册必须满足如下条件：

（1）必须符合国家标准 GB8567—88 的用户使用手册格式要求。

（2）文件名称必须按照任务成果清单的要求命名。

（3）必须符合指引要求。

此阶段完成后，需要将成果文件 Calculator_OperationManual_××.docx 提交到指定的位置存放，其中××为你的学号。

7. 任务成果展示

在此阶段，需要制作一个 PPT 展示文档，来向销售对象讲解本产品。

（1）制作 PPT 时，应遵循以下风格及要求：

①标题字号大于或等于 40 磅，正文字号大于 24 磅。

②正文幻灯片的底部显示班级名称、演讲者名称及演讲者学号。

③班级名称，如"2015 级商务软件开发与应用高级（1）班"。

④演讲者名称，如"李雷"。

⑤演讲者学号，如"051531"。

（2）进行 PPT 展示时，需要做到以下七点：

①展示出所开发系统的所有部分及其特色功能设计与实现。

②展示的内容应该包含系统流程图、实体关系图及用例图等。

③确保演示文稿是专业的、完整的（包括母版，有切换效果、动画效果、链接）。

④使用清晰的语言表达。

⑤演示方式要流畅专业。

⑥必须具有良好的礼仪礼貌。

⑦把握好演讲时间及演讲技巧。

8. 任务评审标准

本任务的评审标准参照技能标准规范（WSSS），如表 2-3 所示。

表 2-3　评审标准

部分	技能标准	权重
1. 工作组织和管理	个人需要知道和理解： ➢ 团队高效工作的原则与措施 ➢ 系统组织的原则和行为 ➢ 系统的可持续性、策略性、实用性 ➢ 从各种资源中识别、分析和评估信息	5

（续上表）

部分	技能标准	权重
1. 工作组织和管理	个人应能够： ➢ 合理分配时间，制订每日开发计划 ➢ 使用计算机或其他设备以及一系列软件包 ➢ 运用研究技巧和技能，紧跟最新的行业标准 ➢ 检查自己的工作是否符合客户与组织的需求	
2. 交流和人际交往技能	个人需要知道和理解： ➢ 聆听技能的重要性 ➢ 与客户沟通时，严谨与保密的重要性 ➢ 解决误解和冲突的重要性 ➢ 取得客户信任并与之建立高效工作关系的重要性 ➢ 写作和口头交流技能的重要性 个人应能够使用读写技能： ➢ 遵循指导文件中的文本要求 ➢ 理解工作场地说明和其他技术文档 ➢ 与最新的行业准则保持一致 个人应能够使用口头交流技能： ➢ 对系统说明进行讨论并提出建议 ➢ 使客户及时了解系统进展情况 ➢ 与客户协商项目预算和时间表 ➢ 收集和确定客户需求 ➢ 演示推荐的和最终的软件解决方案 个人应能够使用写作技能： ➢ 编写关于软件系统的文档（如技术文档、用户文档） ➢ 使客户及时了解系统进展情况 ➢ 确定所开发的系统符合最初的要求并获得用户的签收 个人应能够使用团队交流技能： ➢ 与他人合作开发所要求的成果 ➢ 善于团队协作，共同解决问题 个人应能够使用项目管理技能： ➢ 对任务进行优先排序，并做出计划 ➢ 分配任务资源	5

（续上表）

部分	技能标准	权重
3. 问题解决、革新和创造性	个人需要知道和理解： ➢ 软件开发中常见问题类型 ➢ 企业组织内部常见问题类型 ➢ 诊断问题的方法 ➢ 行业发展趋势，包括新平台、语言、规则和专业技能 个人应能够使用分析技能： ➢ 整合复杂和多样的信息 ➢ 确定说明中的功能性和非功能性需求 个人应能够使用调查和学习技能： ➢ 获取用户需求（如通过交谈、问卷调查、文档搜索和分析、联合应用设计和观察） ➢ 独立研究遇到的问题 个人应能够使用解决问题技能： ➢ 及时地查出并解决问题 ➢ 熟练地收集和分析信息 ➢ 制订多个可选择的方案，从中选择最佳方案并实现	5
4. 分析和设计软件解决方案	个人需要知道和理解： ➢ 确保客户最大利益来开发最佳解决方案的重要性 ➢ 使用系统分析和设计方法的重要性（如统一建模语言） ➢ 采用合适的新技术 ➢ 系统设计最优化的重要性 个人应能够分析系统： ➢ 用例建模和分析 ➢ 结构建模和分析 ➢ 动态建模和分析 ➢ 数据建模工具和技巧 个人应能够设计系统： ➢ 类图、序列图、状态图、活动图 ➢ 面向对象设计和封装 ➢ 关系或对象数据库设计 ➢ 人机互动设计 ➢ 安全和控制设计 ➢ 多层应用设计	30

（续上表）

部分	技能标准	权重
5. 开发软件解决方案	个人需要知道和理解： ➤ 确保客户最大利益来开发最佳解决方案的重要性 ➤ 使用系统开发方法的重要性 ➤ 考虑所有正常和异常以及异常处理的重要性 ➤ 遵循标准（如编码规范、风格指引、UI 设计、管理目录和文件）的重要性 ➤ 准确与一致的版本控制的重要性 ➤ 使用现有代码作为分析和修改的基础 ➤ 从所提供的工具中选择最合适的开发工具的重要性 个人应能够： ➤ 使用数据库管理系统 SQL Server 来为所需系统创建、存储和管理数据 ➤ 使用最新的 .NET 开发平台 Visual Studio 开发一个基于客户端/服务器架构的软件解决方案 ➤ 评估并集成合适的类库与框架到软件解决方案中构建多层应用 ➤ 为基于 Client – Server 的系统创建一个网络接口	40
6. 测试软件解决方案	个人需要知道和理解： ➤ 迅速判定软件应用的常见问题 ➤ 全面测试软件解决方案的重要性 ➤ 对测试进行存档的重要性 个人应能够： ➤ 安排测试活动（如单元测试、容量测试、集成测试、验收测试等） ➤ 设计测试用例，并检查测试结果 ➤ 调试和处理错误 ➤ 生成测试报告	10
7. 编写软件解决方案文档	个人需要知道和理解： ➤ 使用文档全面记录软件解决方案的重要性 个人应能够： ➤ 开发出具有专业品质的用户文档和技术文档	5

9. 任务评分标准

本任务的评分标准如表 2 - 4 所示。

表 2 - 4 评分标准

WSSS Section（世界技能大赛标准）		Criteria（标准）					Mark（评分）
		A（系统分析设计）	B（软件开发）	C（开发标准）	D（系统文档）	E（系统展示）	
1	工作组织和管理	3	2				5
2	交流和人际交往技能		5				5
3	问题解决、革新和创造性		5				5
4	分析和设计软件解决方案	22	8				30
5	开发软件解决方案		35	5			40
6	测试软件解决方案		5		5		10
7	编写软件解决方案文档					5	5
Total（总分）		25	60	5	5	5	100

10. 系统分值

本任务的系统分值如表 2 - 5 所示。

表 2 - 5 系统分值

Criteria（标准）	Description（描述）	SM（主观评分）	OM（客观评分）	TM（总分）	Mark（评分）
A	系统分析设计		20 ~ 35	20 ~ 35	20
B	软件开发		45 ~ 70	45 ~ 70	65
C	开发标准		3 ~ 5	3 ~ 5	5

（续上表）

Criteria （标准）	Description （描述）	SM （主观评分）	OM （客观评分）	TM （总分）	Mark （评分）
D	系统文档		5	3~5	5
E	系统展示	5		5	5
小计		5	95	100	100

11. 评分细则

本任务的评分细则如表2-6所示。

表2-6 评分细则

Criteria （标准）	Sub Criteria （子标准）	Sub Criteria Description （子标准描述）	Aspect （方向）	Aspect of Sub Criteria Description （子方向描述）	Mark （评分）	Result （得分 结果）
A	A1	需求规格说明书	O1	按风格要求填写需求规格说明书，得2分；需求规格说明书内容详细且直观，得2分	4	
	A2	功能架构图	O1	根据风格要求正确绘制软件功能架构图	2	
			O2	软件功能结构划分详细且合理	2	
	A3	软件界面图	O1	使用Visio工具软件绘制出软件主界面	2	
			O2	软件主界面美观友好、结构合理	2	
	A4	详细设计说明书	O1	根据风格要求填写软件详细设计说明书	2	
			O2	软件详细设计说明书排版清晰、结构合理	3	
			O3	软件详细设计说明书功能完善、描述清晰	3	

（续上表）

Criteria (标准)	Sub Criteria (子标准)	Sub Criteria Description (子标准描述)	Aspect (方向)	Aspect of Sub Criteria Description (子方向描述)	Mark (评分)	Result (得分结果)
B	B1	创建工程项目	O1	创建正确命名的工程项目	0.5	
	B2	主界面设计	O1	包含有 0~9 共 10 个数字按钮	1	
			O2	有小数点按钮	0.5	
			O3	有输入及计算结果显示文本框	0.5	
			O4	包含加、减、乘、除及等号按钮	1	
			O5	包含求平方、求开方及求百分比按钮	1	
			O6	包含退格、归零按钮	0.5	
			O7	窗体标题显示正确	0.5	
			O8	窗体大小合适，布局美观友好、合理	0.5	
	B3	基础功能实现	O1	点击数字按钮，实现文本框输入显示	1	
			O2	实现输入错误纠正功能，如输入 001，则显示 1；输入 0.1.2，则显示 0.12	1	
			O3	实现归零按钮事件	1	
			O4	实现退格按钮事件	1	
			O5	实现加、减、乘、除符号输入功能	1	
	B4	加法运算功能实现	O1	实现 1 位数相加功能，并且计算结果正确	1	
			O2	实现 2 位数以上相加功能，并且计算结果正确	1	
			O3	实现多个数值连加功能，并且计算结果正确	2	
			O4	实现带小数点数值相加功能，并且计算结果正确	1	
			O5	实现计算结果溢出提示功能	1	

（续上表）

Criteria（标准）	Sub Criteria（子标准）	Sub Criteria Description（子标准描述）	Aspect（方向）	Aspect of Sub Criteria Description（子方向描述）	Mark（评分）	Result（得分结果）
B	B5	减法运算功能实现	O1	实现1位数相减功能，并且计算结果正确	1	
			O2	实现2位数以上相减功能，并且计算结果正确	1	
			O3	实现多个数值连减功能，并且计算结果正确	2	
			O4	实现带小数点数值相减功能，并且计算结果正确	1	
			O5	实现计算结果负数功能	1	
	B6	乘法运算功能实现	O1	实现1位数相乘功能，并且计算结果正确	1	
			O2	实现2位数以上数值相乘功能，并且计算结果正确	1	
			O3	实现多个数值连乘功能，并且计算结果正确	2	
			O4	实现带小数点数值相乘功能，并且计算结果正确	1	
			O5	实现超出计算范围的提示功能	1	
	B7	除法运算功能实现	O1	实现1位数相除功能，并且计算结果正确	1	
			O2	实现2位数以上数值相除功能，并且计算结果正确	1	
			O3	实现多个数值连除功能，并且计算结果正确	1	
			O4	实现带小数点数值相除功能，并且计算结果正确	1	
			O5	实现有余数情况下的除法功能，计算结果正确并且精确位数符合要求	2	

（续上表）

Criteria （标准）	Sub Criteria （子标准）	Sub Criteria Description （子标准描述）	Aspect （方向）	Aspect of Sub Criteria Description （子方向描述）	Mark （评分）	Result （得分 结果）
B	B8	高级计算功能实现	O1	实现求平方功能，并且计算结果正确	5	
			O2	实现求开方功能，并且计算结果正确	5	
			O3	实现求百分比功能，并且计算结果正确	5	
	B9	综合运算功能实现	O1	实现加、减综合运算功能，并且计算结果正确	5	
			O2	实现加、减、乘综合运算功能，并且计算结果正确	5	
			O3	实现加、减、乘、除综合运算功能，并且计算结果正确	5	
C	C1	开发标准	O1	每个程序都必须显示正确的程序标题。少一个扣0.1分，扣完为止	1	
			O2	界面信息描述正确。每个错误扣0.1分，扣完为止	1	
			O3	标题字体为四号加粗宋体，正文字体为五号宋体。每个错误扣0.1分，扣完为止	1	
			O4	页面布局须直观、清晰。发现页面控件没对齐、溢出、看不清等，每处扣0.1分，扣完为止	2	
D	D1	系统文档	O1	测试文档	0.5	
			O2	测试数据和结果正确。每个错误扣0.2分，扣完为止	1	
			O3	提交操作手册	0.5	
			O4	操作手册中有正确的描述功能、合适的图片和完整的操作指南，得2分；采购有流程说明，得1分。每个错误扣0.2分，扣完为止	3	

（续上表）

Criteria（标准）	Sub Criteria（子标准）	Sub Criteria Description（子标准描述）	Aspect（方向）	Aspect of Sub Criteria Description（子方向描述）	Mark（评分）	Result（得分结果）
E	E1	PPT 制作与展示	S1	展示出所开发的系统的所有部分，使用截屏并确保展示能够流畅地表现出部分之间的衔接，确保演示文稿是专业的、完整的（包括母版，有切换效果、动画效果、链接），要有良好的语言表达能力和演示方式，注重礼仪，有一定的演讲技巧	5	

三、工作任务二：调查问卷系统开发

1. 任务背景

在各类市场活动中，由于调查研究的需要，经常会有各种各样的调查问卷。在传统模式下，不但要花费不少的费用印刷问卷，而且要消耗大量的时间和精力对调查问卷进行发放、回收和统计，并且人工操作调查问卷存在随意性较大、容易产生遗漏等问题。为此，基于现代信息技术的调查问卷系统（QNS）应运而生，如图 2－88 所示。

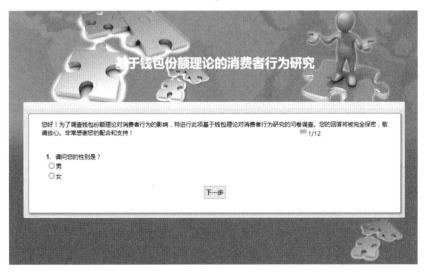

图 2－88 单题显示式调查问卷系统

调查问卷系统是一款功能强大的计算机辅助调查工具，可做客户满意度调查、产品类别调查以及访客来源调查、客户回访等，其他各种类型的调查均可自定义设置，如图2-89所示。系统中的问卷内容丰富，供用户、企业以及社会各界使用。调查问卷系统是信息化互联网时代的产物。通过它，调查人员可以方便地设计各类问卷题型，如是非题、单选题、多选题、填空题、矩阵单选、矩阵多选、段落等。同时可实时掌握调查问卷进度情况，快速完成调查统计、分析，生成调查报告等。

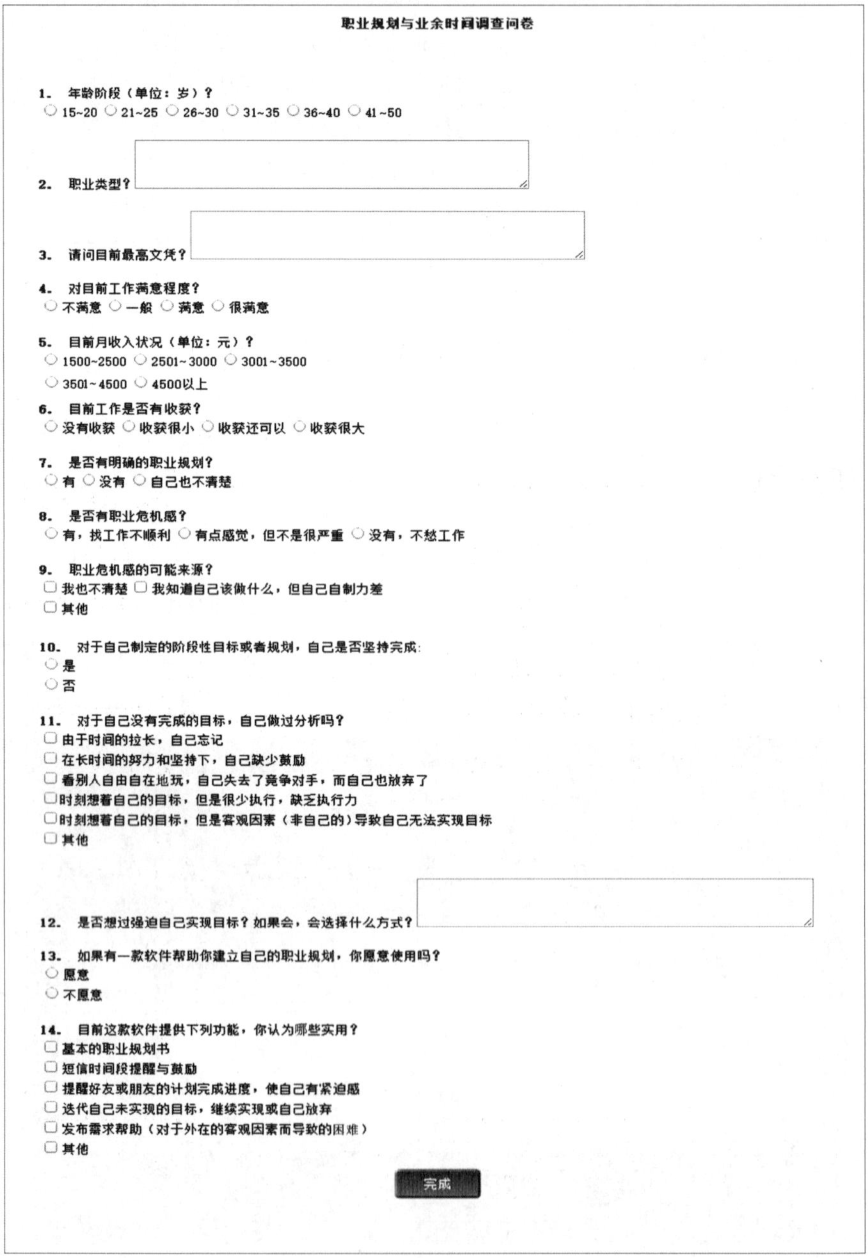

图2-89 试卷式调查问卷系统

2．任务介绍

为了更好地创建和发展全国一流技师学院，广州市工贸技师学院决定开展一次对职业与就业相关问题的调查分析，来帮助学院了解现有的教学情况与社会就业形势。由于传统的问卷调查需要耗费大量的人力、物力、财力，效果却不太明显，学院希望改变传统纸张问卷形式，从节约人力、物力、财力方面着手，努力寻求一种高效先进的解决方案。

经主管部门的研究讨论，一致决定将现代化信息技术作为首选的解决方案，通过互联网信息系统的方式完成此次问卷调查分析，并委托学院信息服务产业系下的商务软件开发与应用专业来完成这次调查问卷系统的开发工作。

调查问卷系统基本功能要求为面向互联网用户提供交互式的问卷调查服务，能对调查问卷的结构进行分析汇总，可灵活适用于不同的调查场合。其目的是提高调查效率，节约调查成本，及时方便地分析处理调查数据。基本功能包括创建问卷、发布问卷、回收问卷、统计分析等。

3．任务要求

（1）尝试使用互联网上的一些调查问卷系统，并参考该软件进行功能设计。

（2）根据教学要求，开发出适合管理软件的界面风格。

（3）完成调查问卷系统的相关界面及功能开发。

（4）实现多种题型的调查问卷功能。

（5）掌握必要的业务知识。

（6）完成软件开发所需的相关文档。

（7）按任务成果清单要求命名文件或文件夹。

4．任务成果清单

所有文件保存在 QNS_×× 文件夹，×× 为你的学号，如表 2-7 所示。

表 2-7　任务成果清单

序号	内容	命名	备注
1	调查问卷系统需求规格说明书	QNS_Specification_××.docx	×× 为你的学号
2	调查问卷系统功能架构图	QNS_FunctionDiagram_××.vsdx	×× 为你的学号
3	调查问卷系统主界面图	QNS_UI_××.vsdx	×× 为你的学号
4	调查问卷系统详细设计说明书	QNS_DetailedDesign.docx	×× 为你的学号
5	调查问卷系统数据字典	QNS_DD_××.docx	×× 为你的学号

（续上表）

序号	内容	命名	备注
6	调查问卷系统数据库文件	QNS_××.mdf QNS_××_log.ldf	××为你的学号
7	调查问卷系统程序	QNS_××.exe	提交可执行文件， ××为你的学号
8	调查问卷系统源代码	QNS_××	提交源代码文件夹， ××为你的学号
9	调查问卷系统软件测试报告	QNS_TestReport_××.docx	××为你的学号
10	调查问卷系统操作手册	QNS_OperationManual_××.docx	××为你的学号

5. 知识和技能要求

在完成此任务之前，需要掌握软件开发的基本知识，具备一定的软件开发技能，如表2-8所示。

表2-8　知识和技能要求

序号	知识	参考资料	技能
1	C#流程控制与集合	《C#入门经典（第7版）》第4章"流程控制"、第11章"集合、比较和转换"、第14章"基本桌面编程"	能够使用多种控件创建设计软件UI界面；能够实现软件流程跳转与函数调用
2	高级C#技术	《C#入门经典（第7版）》第13章"高级C#技术"、第15章"高级桌面编程"	能够根据工作任务，实现软件UI界面跳转功能；实现全局控件命名与公共类调用
3	调查问卷系统业务流程与业务逻辑	网上查看相关知识及案例；相关教师辅导	能够根据业务需求绘制业务流程，并设计实现软件功能
4	数据库知识；SQL基础知识	《SQL Server从入门到精通》第1章"数据库基础"、第2章"初识SQL Server 2008"、第3章"管理SQL Server 2008"	能够安装、卸载、配置SQL Server 2008数据库
5	数据库与数据表；字段、主键、约束与默认值	《SQL Server从入门到精通》第4章"创建与管理数据库"、第5章"操作数据表和视图"、第6章"维护SQL Server 2008"	能够创建数据库、数据表及字段设置；能够备份、还原、分离数据库；能够生成SQL脚本
6	T-SQL语句	《SQL Server从入门到精通》第7章"T-SQL概述"、第8章"SQL数据语言操作"、第9章"SQL数据查询"	能够使用SQL语句创建数据库和数据表；能够使用SQL语句进行数据的查询分析；能够使用SQL语句操作数据库，实现数据的增加和删除操作

6. 任务内容

6.1　编写软件需求规格说明书（Write Software Requirements Specification）

根据任务背景介绍，以及对调查问卷系统需求的理解，并结合任课教师的要求，编写调查问卷系统的需求规格说明书。

在此阶段，需要运用所学的知识及经验，根据任课教师所提供的软件需求规格说明书格式模板进行填写。所编写的需求规格说明书必须遵循以下要求：

（1）必须符合国家标准 GB856T—88 的软件需求规格说明书格式要求。

（2）文件名称必须按照成果清单的要求命名。

（3）必须根据用户功能需求填写调查问卷系统需求规格说明书。

此阶段完成后，需要将成果文件（调查问卷系统需求规格说明书）保存为 QNS_Specification_××.docx，并存放到指定的位置，其中××为你的学号。

6.2　绘制软件功能架构图（Draw Function Diagram）

在此阶段，需要熟悉任务需求和任课教师的要求，使用 Visio 工具软件绘制出调查问卷系统的整体功能架构图。软件功能架构图绘制必须遵循以下要求：

（1）功能架构图应该直观体现系统功能模块。

（2）功能架构图应该明确体现系统内部逻辑关系。

（3）必须使用 Visio 工具软件绘制。

此阶段完成后，需要将成果文件（调查问卷系统功能架构图）保存为 QNS_FunctionDiagram_××.vsdx，并存放到指定的位置，其中××为你的学号。

6.3　应用程序界面设计（Interface Design of Program）

在此阶段，需要根据调查问卷系统功能架构图，以及对调查问卷系统需求的理解，设计出调查问卷系统的相关操作界面。界面设计可以参考图 2－90 所示的界面，或者根据自己的设计思路完成。

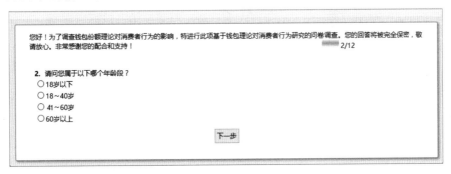

图 2－90　调查问卷界面设计参考

设计必须遵循以下要求：

（1）界面设计必须使用 Visio 工具软件完成。

（2）所设计的界面必须美观友好且布局合理。

（3）至少应该包含问题录入界面、问卷生成界面、问卷调查界面及问卷统计界面。

（4）应该有统一的入口界面，即主界面。

（5）主界面各功能应清晰明确。

（6）主界面应该包含简要的帮助提示信息。

（7）主界面应该有动态的当前时间信息。

（8）主界面标题栏应该显示"QNS 调查问卷系统"字样。

（9）主界面应有最大化、最小化及关闭三个功能按钮。

此阶段完成后，需要将成果文件 QNS_UI_××.vsdx 保存到指定的存放位置，×× 为你的学号。一般情况下，不需要保留界面设计图的原稿文件，但保留设计图原稿文件是非常有用的。

6.4 编写详细设计说明书（Write Detailed Design Instructions）

在此阶段，需要根据任务背景介绍，以及对调查问卷系统需求的理解，并结合任课教师的要求，编写调查问卷系统详细设计说明书。

编写调查问卷系统详细设计说明书时，需要运用所学的知识及经验，根据任课教师所提供的软件详细设计说明书格式模板进行填写。所编写的调查问卷系统详细设计说明书必须遵循以下要求：

（1）必须符合国家标准 GB8567—88 的软件详细设计说明书格式要求。

（2）文件名称必须按照成果清单的要求命名。

（3）必须根据功能设计需求填写调查问卷详细设计说明书。

此阶段完成后，需要将成果文件（调查问卷系统详细设计说明书）保存为 QNS_DetailedDesign_××.docx，并存放到指定的位置，其中 ×× 为你的学号。

6.5 设计系统数据库（Database Design）

根据提供的用例图（如图 2-91 所示），运用所学的知识及经验，完善并设计出符合客户要求的调查问卷系统数据库。任务要求根据给出的数据字典格式（如表 2-9 至表 2-13所示），完善数据库设计并编写数据库字典。可以使用已经提供的表信息作为系统相关的数据库表，也可以根据系统业务需求增加字段或者重新设计所需的数据库表。

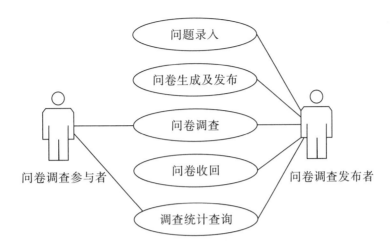

图2-91　调查问卷系统用例图

表2-9　问题信息表

Question（问题信息表）						
FIELD NAME	DATA TYPE	FIELD SIZE	PK/FK	NOT NULL	FIELD DESCRIPTION	NOTES
QuestionId	NVARCHAR	10	PK	Y	问题代号	主键
Description	NVARCHAR	200		Y	问题描述	
QuestionType	NVARCHAR	2		Y	问题类型	单选、多选
Remark	NVARCHAR	200		N	备注说明	

表2-10　问题选项表

Options（问题选项表）						
FIELD NAME	DATA TYPE	FIELD SIZE	PK/FK	NOT NULL	FIELD DESCRIPTION	NOTES
OptionsId	NVARCHAR	10	PK	Y	选项编号	主键
OptionsDescribe	NVARCHAR	100		Y	选项描述	
QuestionId	NVARCHAR	10	FK	Y	问题代号	外键

表 2 - 11　问卷调查表

Questionnaire （问卷调查表）						
FIELD NAME	DATA TYPE	FIELD SIZE	PK/FK	NOT NULL	FIELD DESCRIPTION	NOTES
QuestionnaireId	NVARCHAR	10	PK	Y	问卷代号	主键
QuestionnaireName	NVARCHAR	50		Y	问卷名称	
QuestionnaireDate	NVARCHAR			Y	发布日期	格式：2017 - 08 - 15
Finish	NVARCHAR	1		Y	是否收回	默认值为 N，收回后变成 Y

表 2 - 12　问卷调查明细表

QuestionnaireDetail （问卷调查明细表）						
FIELD NAME	DATA TYPE	FIELD SIZE	PK/FK	NOT NULL	FIELD DESCRIPTION	NOTES
QuestionnaireId	NVARCHAR	10	FK	Y	问卷代号	外键
QuestionId	NVARCHAR	10	FK	Y	问题代号	外键
SerialNumber	NVARCHAR	3		N	问题顺序号	格式：001

表 2 - 13　问卷调查记录表

QuestionnaireInfo （问卷调查记录表）						
FIELD NAME	DATA TYPE	FIELD SIZE	PK/FK	NOT NULL	FIELD DESCRIPTION	NOTES
AnswerNo	NVARCHAR	6	PK	Y	答题者代号	主键
QuestionnaireId	NVARCHAR	10	FK	Y	问卷代号	外键
QuestionId	NVARCHAR	10	FK	Y	问题代号	外键
OptionsId	NVARCHAR	10	FK	Y	选项代号	外键
AnswerDate	NVARCHAR	10		Y	答题日期	格式：2017 - 08 - 15
AnswerTime	NVARCHAR	10		Y	答题时间	格式：10：00

　　此阶段完成后，需要将成果文件（数据字典文件）保存为 QNS_DD_××.docx，其中××为你的学号。

6.6　创建数据库 （Create Database）

　　在已经提供的 Database Server 上，使用数据库管理工具 SQL Server 来创建一个数据库。数据库名称规则为 QNS_××，其中××为你的学号。不需要为数据库提供一个 SQL Script，但是保留一个作为备份是很有用的。

在此阶段，需要根据所编写的数据字典来创建数据表。所创建的数据表必须遵循以下要求：

（1）所有字段的规范性。

（2）功能的扩张可自行增加字段，但必须与你的数据字典保持一致。

（3）理解并掌握外键的意义和用途，并根据外键创建视图。视图命名必须规范。

vw_Table Name（vw_表名，表名是主表的名称），如表名 Questionnaire 对应的视图名称应该为 vw_Questionnaire。

此阶段完成后，需要将成果文件（数据库文件）QNS_××.mdf 和 QNS_××_log.ldf 作为备份文件提交到指定存放位置，其中××为你的学号。

6.7 创建解决方案并设计主界面（Create Solutions and Design Main Interface）

此阶段将进入正式的开发阶段，因此需要使用 Visual Studio 开发平台为调查问卷系统创建一个项目解决方案文件。所创建的项目及解决方案必须遵循以下要求：

（1）项目及解决方案名称为 QNS_××，其中××为你的学号，如图 2-92 所示。

（2）项目模板必须是 Visual C#模板，如图 2-92 所示。

（3）所创建的项目必须为 Windows 窗体应用程序，如图 2-92 所示。

（4）按默认位置存放当前项目文件。

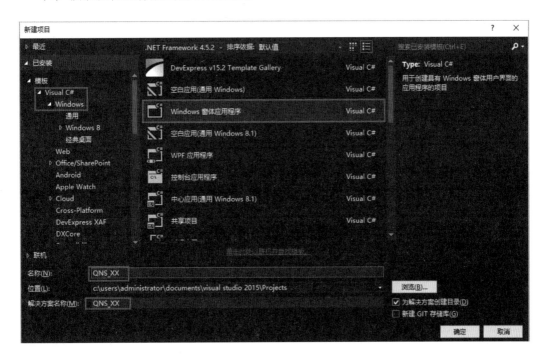

图 2-92　Visual Studio 项目创建

项目正确创建后，则可根据详细设计说明书和应用程序界面设计图，完成应用程序主界面设计。应用程序主界面设计必须遵循以下要求：

（1）主界面标题栏应该显示"QNS 调查问卷系统"字样，如图 2-93 所示。

（2）主界面应有最大化、最小化及关闭三个功能按钮，如图 2-93 所示。

（3）主界面应有对应功能菜单或者按钮，如图 2-93 所示。

（4）主界面应有相关操作信息提示，如图 2-93 所示。

（5）主界面应有动态时间显示，如图 2-93 所示。

（6）光标移动到主界面相应操作功能时，应有动态信息提示，如图 2-94 所示。

（7）为了防止不小心退出系统，主界面应该有关闭提示。即当用户点击窗体右上角的关闭按钮时，应以消息框的形式询问用户是否退出，如图 2-95 所示。消息框应该包含"是"和"否"两个按钮，当且仅当用户点击了"是"按钮时，系统才会关闭退出，否则返回到主界面，如图 2-96 所示。

（8）为了美观，主界面的窗体标题栏应该使用自定义的图标信息，而非系统默认图标，如图 2-97 所示。

图 2-93　主界面显示

图 2-94 功能动态提示

图 2-95 系统退出询问

图 2-96　取消系统退出

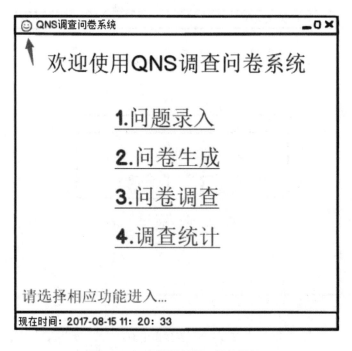

图 2-97　主界面标题、图标显示

此阶段完成后，Visual Studio 工具软件将在计算机指定目录生成项目文件，目录如 c：\users\administrator\documents\visual studio 2015\Projects。需要知道项目文件的存放位置，以便后续开发时能及时找到文件，定期对项目文件进行复制备份也是非常重要且有用的。

6.8　问题录入功能实现（Questions Entry）

问题录入功能是调查问卷系统的核心基础功能，在使用该系统时，用户首先要通过该功能模块进行问题的录入操作。只有录入了问题，下一步才能根据问题生成问卷，并发布调查操作等。当然，在此功能模块下，还能进行问题的修改、删除等维护性操作，以满足使用者的基本需求。

在此阶段，需要基于上一阶段开发结果进行功能完善，以实现调查问卷系统的问题录入功能。该功能模块的实现，包含以下三个部分的要求：

（1）界面要求。

①在原有的项目基础上新建一个窗体，窗体命名为"Questions_Info"，窗体的标题为"问题资料信息"，如图 2 – 98 所示。

②"问题资料信息"窗体应包含"新增""保存""删除"三个功能按钮，如图 2 – 98 所示。

③"问题资料信息"窗体应包含"问题代号"文本框和"问题描述"文本框，且"问题代号"文本框应是不可输入状态，如图 2 – 98 所示。

④"问题资料信息"窗体应包含"问题类型"下拉框，下拉框至少包含"单选题"和"多选题"两项内容，如图 2 – 98 所示。

⑤"问题资料信息"窗体应包含用于显示系统所有的调查问题的网格控件。网格显示应美观合理，至少包含问题代号、问题描述、问题类型三列信息，如图 2 – 98 所示。

⑥网格显示应该在窗体下方停靠，位置不随窗体的变化而改变。即点击窗体最大化时，网格最大化填充；点击恢复原窗体时，网格恢复到适合窗体的大小。

问题资料信息			_□×
问题代号： 1708160001	问题类型：	单选题 ▼	
问题描述：			

新增   保存   删除

问题代号	问题描述	问题类型	创建时间

图 2-98　"问题资料信息"窗体

（2）窗体切换要求。

①"问题资料信息"窗体应是通过点击主窗体界面的"1. 问题录入"菜单进入，如图 2-99 所示。

②当打开"问题资料信息"窗体时，主窗体界面为隐藏不可见状态，如图 2-100 所示。

③当关闭"问题资料信息"窗体时，主窗体界面为恢复可见状态，如图 2-101 所示。

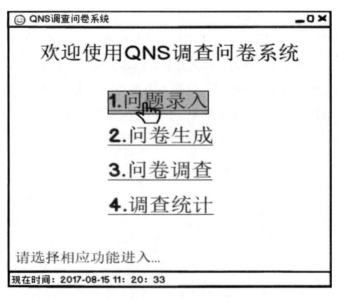

图 2-99　点击"1. 问题录入"菜单

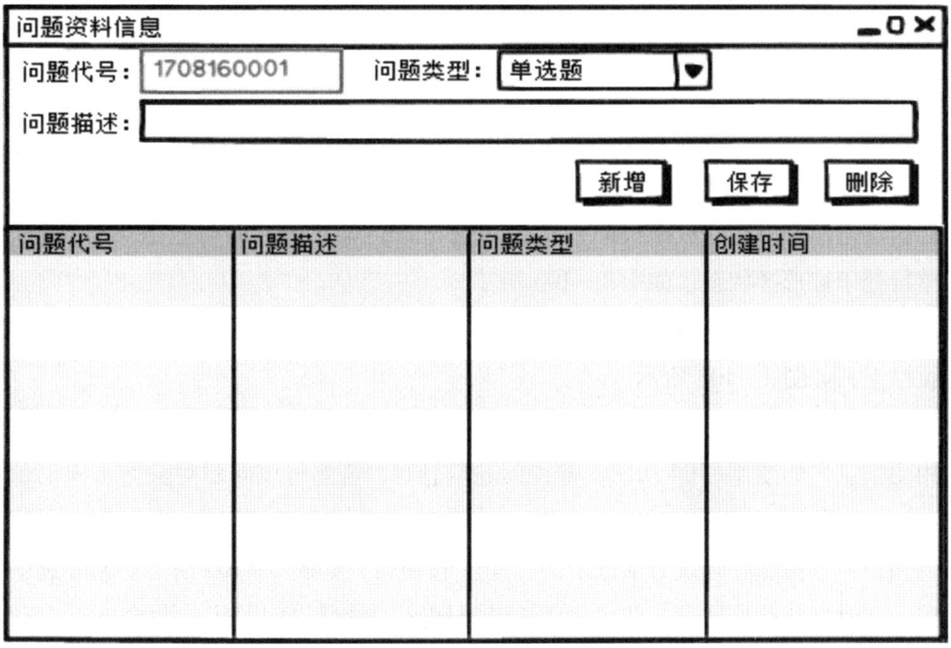

| 问题资料信息 | _ ▢ ✖ |

问题代号：　1708160001　　　问题类型：　单选题　▼

问题描述：　

新增　　保存　　删除

问题代号	问题描述	问题类型	创建时间

图 2–100　打开"问题资料信息"窗体

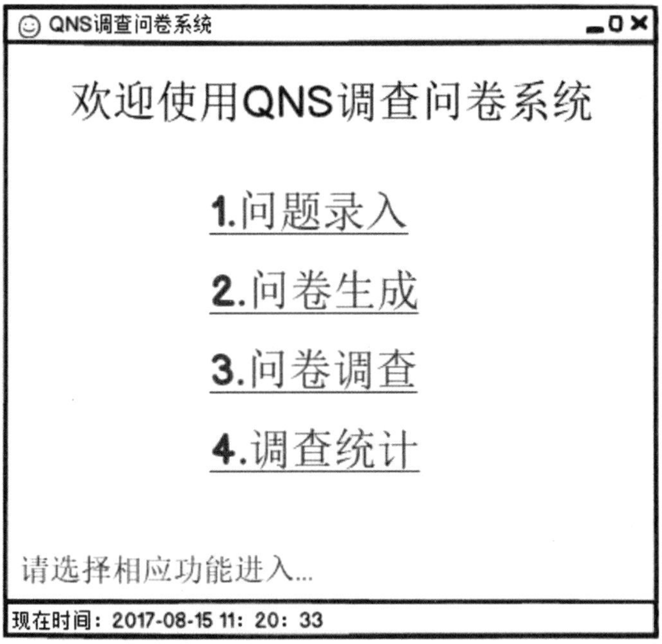

☺ QNS调查问卷系统　　_ ▢ ✖

欢迎使用QNS调查问卷系统

1.问题录入

2.问卷生成

3.问卷调查

4.调查统计

请选择相应功能进入...

现在时间：2017-08-15 11：20：33

图 2–101　关闭"问题资料信息"窗体，返回主窗体界面

（3）功能要求。

①"问题资料信息"窗体打开时，网格默认显示数据库对应表所有的问题数据，如图 2 – 102 所示。

②"问题资料信息"窗体打开时，"问题代号"文本框自动产生唯一的 10 位数代号，如图 2 – 102 所示。

③当点击网格对应的数据行时，则表示选中该行记录，此时对应数据行颜色改变，表示整行处于被选择状态，如图 2 – 103 所示。

④当点击网格对应的数据行选中某行记录时，应将该行记录信息显示到对应文本框或下拉框上，如图 2 – 103 所示。

⑤当点击网格对应的数据行选中某行记录时，点击"删除"按钮，则询问用户是否删除相关信息，如图 2 – 104 所示。删除问题信息时，需要将该问题对应的选项记录同时删除。

⑥当用户点击删除确认对话框上的"是"按钮时，如图 2 – 105 所示。删除选中的该行数据，实时刷新网格信息，并提示用户已经删除，同时"问题代号"文本框自动产生唯一的代号，"问题描述"文本框被清空，如图 2 – 106 所示。

⑦当需要修改某行数据时，点击网格对应的数据行，如图 2 – 107 所示。在"问题描述"文本框输入修改后的内容，如图 2 – 108 所示，点击"保存"按钮即可。修改问题类型则通过下拉框选择对应的类型，同样点击"保存"按钮即可。内容修改成功后，自动刷新网格数据，如图 2 – 109 所示。在这里，问题代号是系统自动产生的，因此不能被修改。

⑧当需要新增问题信息时，点击"新增"按钮，系统自动在"问题代号"文本框生成唯一的 10 位数代号，如图 2 – 110 所示。此时可以在"问题描述"文本框输入对应信息，并通过"问题类型"下拉框选择问题类型，如图 2 – 111 所示。

⑨信息填写或选择完备后，点击"保存"按钮，则将新的问题信息保存到数据库对应的表，同时实时刷新网格信息，提示用户问题新增成功，并生成新的问题代号，如图 2 – 112 所示。

⑩信息新增成功后，可以继续输入新问题的描述，而不用重复点击"新增"按钮。当再次输入新的问题描述时，点击"保存"按钮即可完成。如此重复步骤可在不退出界面的情况下，实现一次性多条信息录入操作，既人性化又有高效率。

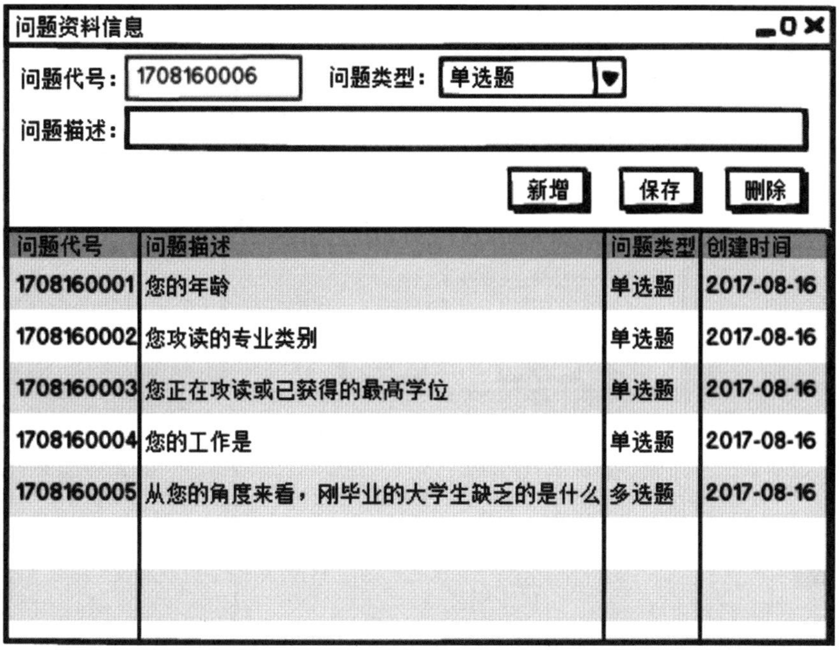

问题资料信息				_ ◻ ✖
问题代号： 1708160006		问题类型： 单选题 ▼		
问题描述：				
		新增	保存	删除

问题代号	问题描述		问题类型	创建时间
1708160001	您的年龄		单选题	2017-08-16
1708160002	您攻读的专业类别		单选题	2017-08-16
1708160003	您正在攻读或已获得的最高学位		单选题	2017-08-16
1708160004	您的工作是		单选题	2017-08-16
1708160005	从您的角度来看，刚毕业的大学生缺乏的是什么		多选题	2017-08-16

图 2 – 102　网格自动显示数据库信息

问题资料信息				_ ◻ ✖
问题代号： 1708160003		问题类型： 单选题 ▼		
问题描述： 您正在攻读或已获得的最高学位				
		新增	保存	删除

问题代号	问题描述		问题类型	创建时间
1708160001	您的年龄		单选题	2017-08-16
1708160002	您攻读的专业类别		单选题	2017-08-16
1708160003	您正在攻读或已获得的最高学位		单选题	2017-08-16
1708160004	您的工作是		单选题	2017-08-16
1708160005	从您的角度来看，刚毕业的大学生缺乏的是什么		多选题	2017-08-16

图 2 – 103　选中网格对应数据行

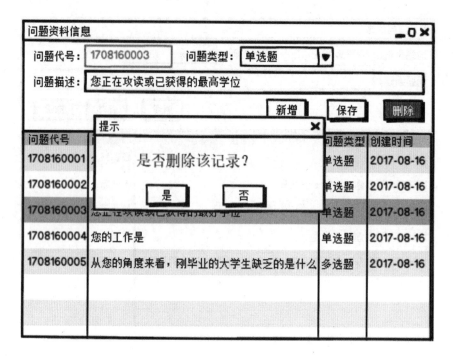

图 2-104　数据删除询问

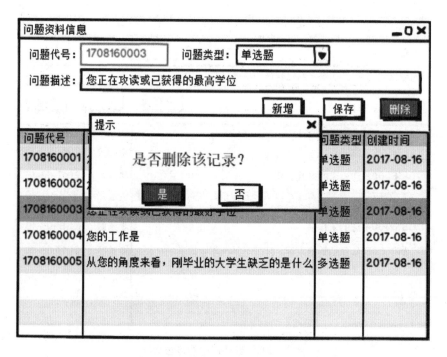

图 2-105　删除确认

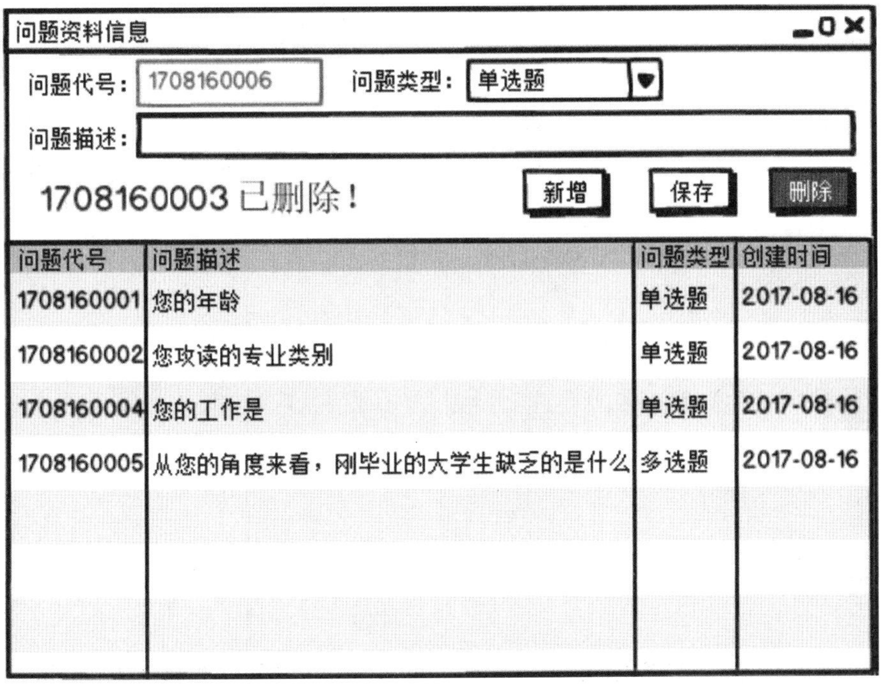

問題資料信息 　　　　　　　　　　　　　　　　　　 _ロ✕

問題代号： 1708160006 　　　問題類型： 單選題 ▼

問題描述：

1708160003 已删除！ 　　　　新增 　保存 　删除

問題代号	問題描述	問題類型	創建時間
1708160001	您的年龄	單選題	2017-08-16
1708160002	您攻读的专业类别	單選題	2017-08-16
1708160004	您的工作是	單選題	2017-08-16
1708160005	从您的角度来看，刚毕业的大学生缺乏的是什么	多选题	2017-08-16

图 2－106　删除后刷新网格数据

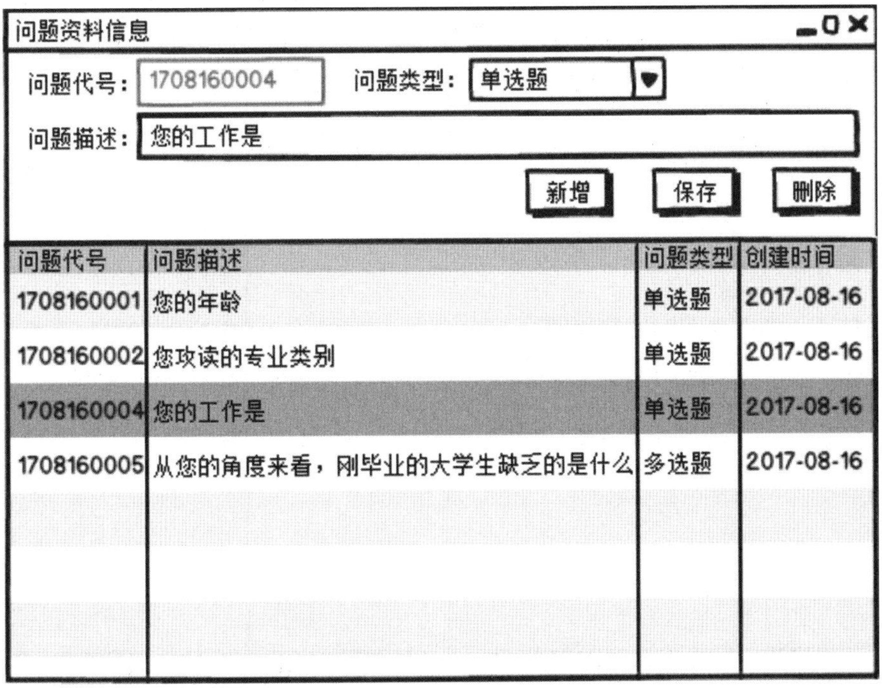

問題資料信息 　　　　　　　　　　　　　　　　　　 _ロ✕

問題代号： 1708160004 　　　問題類型： 單選題 ▼

問題描述：您的工作是

新增 　保存 　删除

問題代号	問題描述	問題類型	創建時間
1708160001	您的年龄	單選題	2017-08-16
1708160002	您攻读的专业类别	單選題	2017-08-16
1708160004	您的工作是	單選題	2017-08-16
1708160005	从您的角度来看，刚毕业的大学生缺乏的是什么	多选题	2017-08-16

图 2－107　选择修改

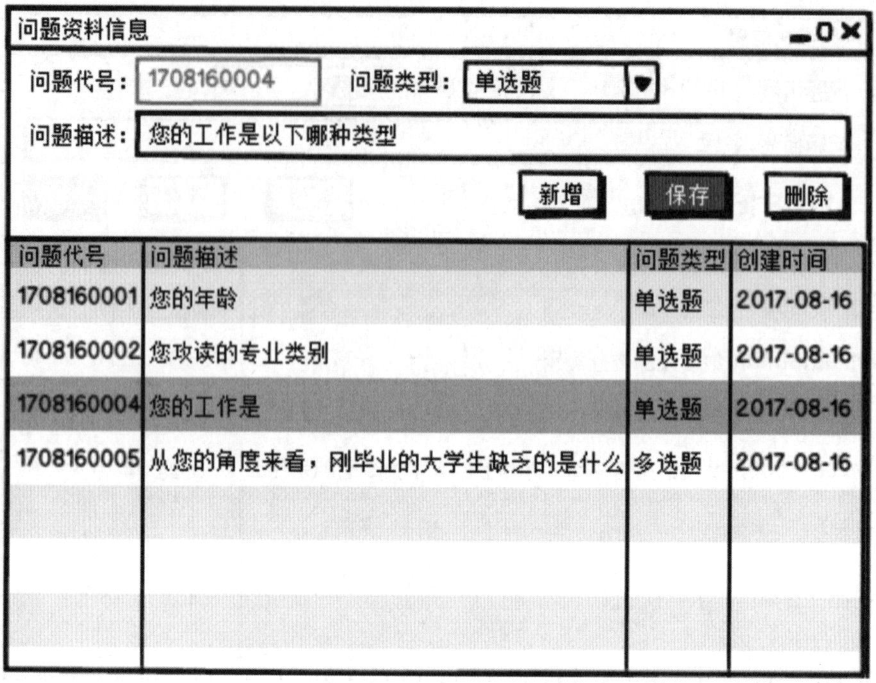

问题资料信息				_ □ ✕
问题代号： 1708160004		问题类型： 单选题 ▼		
问题描述： 您的工作是以下哪种类型				
		新增	保存	删除

问题代号	问题描述	问题类型	创建时间
1708160001	您的年龄	单选题	2017-08-16
1708160002	您攻读的专业类别	单选题	2017-08-16
1708160004	您的工作是	单选题	2017-08-16
1708160005	从您的角度来看，刚毕业的大学生缺乏的是什么	多选题	2017-08-16

图 2 – 108　修改问题信息

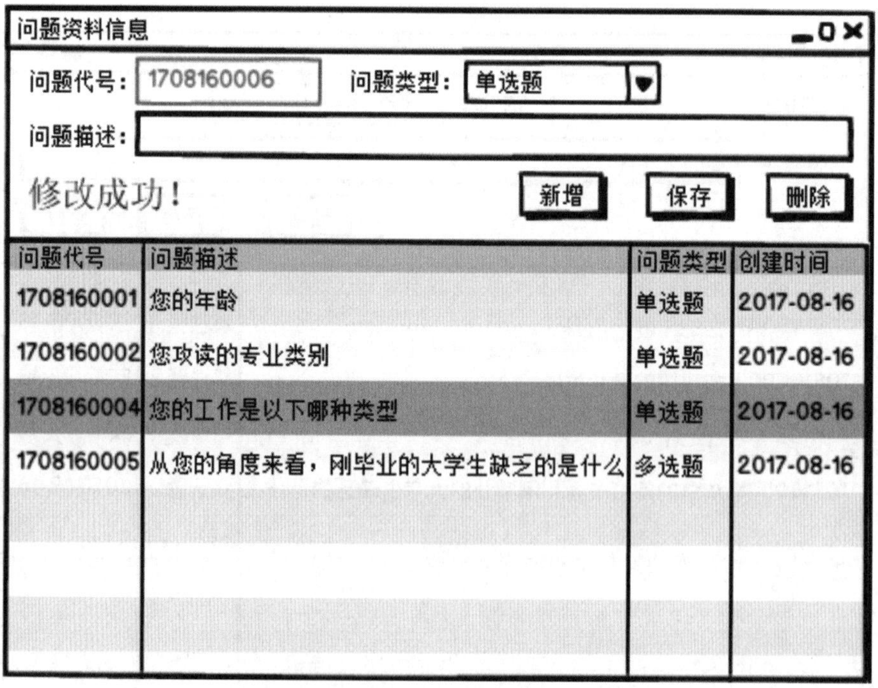

问题资料信息				_ □ ✕
问题代号： 1708160006		问题类型： 单选题 ▼		
问题描述：				
修改成功！		新增	保存	删除

问题代号	问题描述	问题类型	创建时间
1708160001	您的年龄	单选题	2017-08-16
1708160002	您攻读的专业类别	单选题	2017-08-16
1708160004	您的工作是以下哪种类型	单选题	2017-08-16
1708160005	从您的角度来看，刚毕业的大学生缺乏的是什么	多选题	2017-08-16

图 2 – 109　问题修改后刷新网格数据

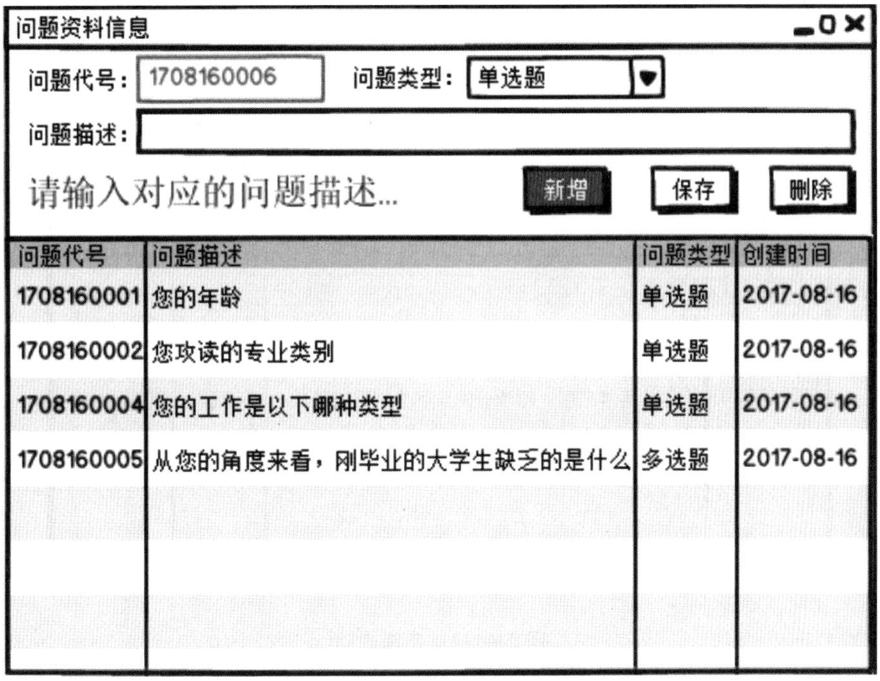

问题资料信息　　　　　　　　　　　　　　　　　　　　＿□✕

问题代号：| 1708160006 　　　问题类型：| 单选题 | ▼ |

问题描述：|　　　　　　　　　　　　　　　　　　　　　|

请输入对应的问题描述...　　　　**新增**　| 保存 |　| 删除 |

问题代号	问题描述	问题类型	创建时间
1708160001	您的年龄	单选题	2017-08-16
1708160002	您攻读的专业类别	单选题	2017-08-16
1708160004	您的工作是以下哪种类型	单选题	2017-08-16
1708160005	从您的角度来看，刚毕业的大学生缺乏的是什么	多选题	2017-08-16

图 2 – 110　新增事件

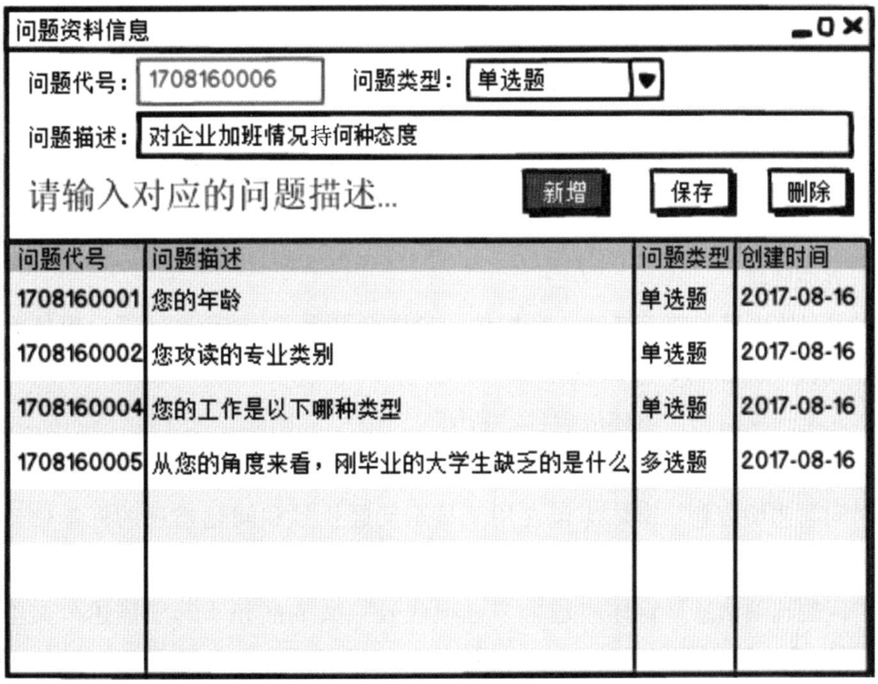

问题资料信息　　　　　　　　　　　　　　　　　　　　＿□✕

问题代号：| 1708160006 　　　问题类型：| 单选题 | ▼ |

问题描述：| 对企业加班情况持何种态度　　　　　　　　　|

请输入对应的问题描述...　　　　**新增**　| 保存 |　| 删除 |

问题代号	问题描述	问题类型	创建时间
1708160001	您的年龄	单选题	2017-08-16
1708160002	您攻读的专业类别	单选题	2017-08-16
1708160004	您的工作是以下哪种类型	单选题	2017-08-16
1708160005	从您的角度来看，刚毕业的大学生缺乏的是什么	多选题	2017-08-16

图 2 – 111　新增输入

图 2-112　新增成功

此阶段完成后，运行测试系统功能，并保存项目。定期对项目文件进行复制备份是非常重要且有用的。

6.9　问题选项功能实现（Question Options）

问题选项是指针对调查问题，供参与者选择的信息列表。一般来说，问题选项不应过多，仅限于接近问题描述目的的几种信息，方便后续的调查分析与统计。

在此阶段，需要在上一阶段的基础上，开发一个问题选项功能模块，实现问题选项信息的录入、修改、删除等操作，并满足如下要求：

（1）界面要求。

①在原有的项目基础上新建一个窗体，窗体命名为"Options_Info"，窗体的标题为"问题选项信息"，如图 2-113 所示。

②"问题选项信息"窗体应包含"新增""保存""删除"三个功能按钮，如图 2-113 所示。

③"问题选项信息"窗体应包含用于显示问题代号和问题描述的标签信息，如图 2-113 所示。

④"问题选项信息"窗体应包含"选项代号"文本框和"选项描述"文本框，且"选项代号"文本框应是不可输入状态，如图 2-113 所示。

⑤"问题选项信息"窗体应包含用于显示当前问题所有的选项信息的网格控件。网格显示应美观合理，至少包含选项代号、选项描述两列信息，如图 2-113 所示。

⑥网格显示应该在窗体下方停靠，位置不随窗体的变化而改变。即点击窗体最大化时，网格跟着最大化填充；点击恢复原窗体时，网格恢复到适合窗体的大小。

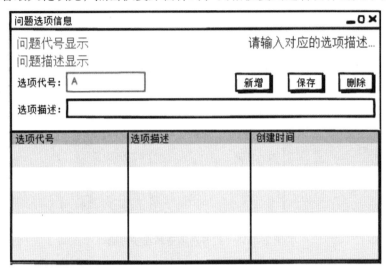

图2-113　选项资料维护界面

（2）界面切换要求。

①"问题选项信息"窗体必须是通过双击"问题资料信息"窗体对应的某行记录打开的，如图2-114、图2-115所示。一次只能打开一个选项信息窗体，即当打开一个窗体时，在未关闭的情况下无法再打开第二个同类窗体。

②"问题选项信息"窗体打开时，必须显示所打开的问题信息，如图2-115所示。

③"问题选项信息"窗体打开时，网格默认显示该问题关联的所有选项信息，如图2-115所示。

图2-114　双击选择某行记录

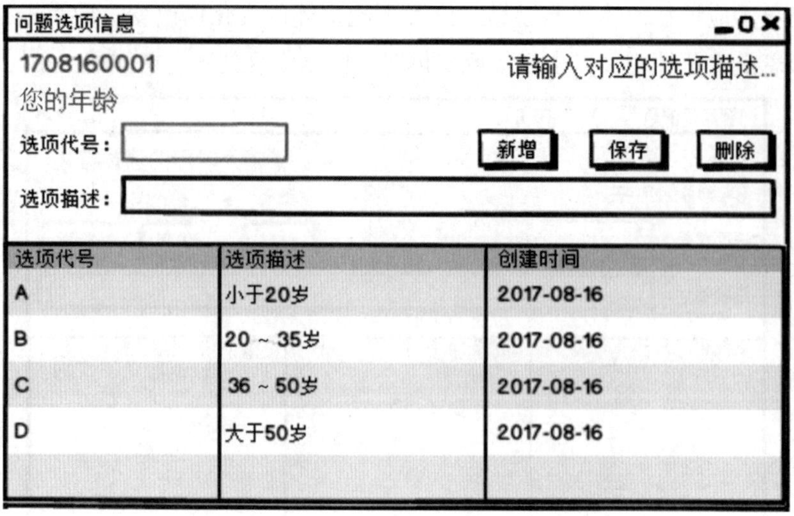

图 2 - 115　打开选项资料维护界面

（3）选项信息维护功能实现。

①实现网格点击事件，点击网格对应数据时，表示选中该行数据，该行颜色改变。同时将该行信息填充到对应的文本框，如图 2 - 116 所示。

②实现修改事件，当选择某行记录并在对应的"选项描述"文本框输入相关信息时（如图 2 - 117 所示），点击"保存"按钮即完成修改。选项代号不能修改，信息修改后提示操作者，并自动刷新网格数据和清空文本框信息，如图 2 - 118 所示。

③实现删除事件，当选择某行记录，并点击"删除"按钮时，询问用户是否确认删除，如图 2 - 119 所示。当用户选择对话框的"是"按钮时，表示确认删除，此时删除数据库对应的记录信息，并刷新网格数据，如图 2 - 120 所示。

④实现新增事件，当点击"新增"按钮时，"选项代号"文本框自动产生一个与当前选项信息不重复的字母代号，如图 2 - 121 所示。

⑤完成选项描述输入后，点击"保存"按钮，则将该信息保存到数据库对应表，同时刷新网格信息，并产生新的选项代号，如图 2 - 122 所示。

⑥在新增事件里，并没有提示需要将问题代号保存到对应的选项表里，但实际上只有这样做，才能保证数据信息的唯一性，方便日后的查询分析及其他维护工作。

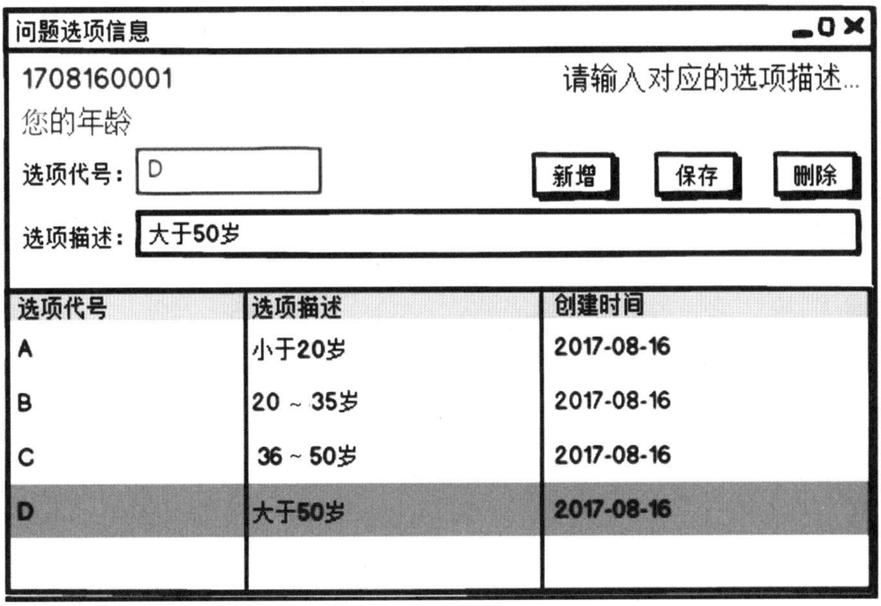

问题选项信息 ＿☐✕

1708160001 　　　　　　　　请输入对应的选项描述...

您的年龄

选项代号：D 　　　　　　　新增　　保存　　删除

选项描述：大于50岁

选项代号	选项描述	创建时间
A	小于20岁	2017-08-16
B	20～35岁	2017-08-16
C	36～50岁	2017-08-16
D	大于50岁	2017-08-16

图 2－116　网格点击事件

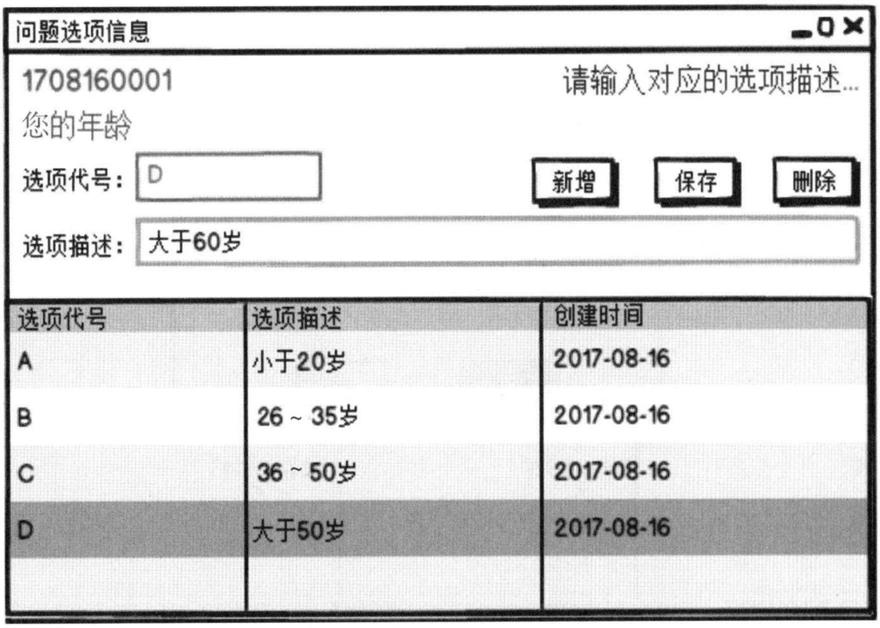

问题选项信息 ＿☐✕

1708160001 　　　　　　　　请输入对应的选项描述...

您的年龄

选项代号：D 　　　　　　　新增　　保存　　删除

选项描述：大于60岁

选项代号	选项描述	创建时间
A	小于20岁	2017-08-16
B	26～35岁	2017-08-16
C	36～50岁	2017-08-16
D	大于50岁	2017-08-16

图 2－117　修改选项描述

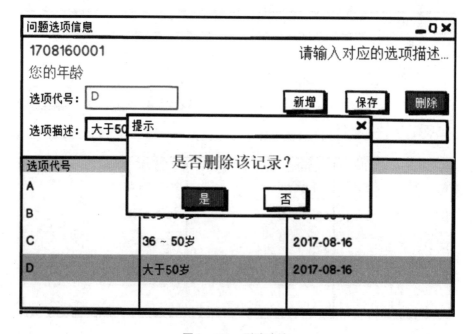

图 2-118　保存修改

图 2-119　删除确认

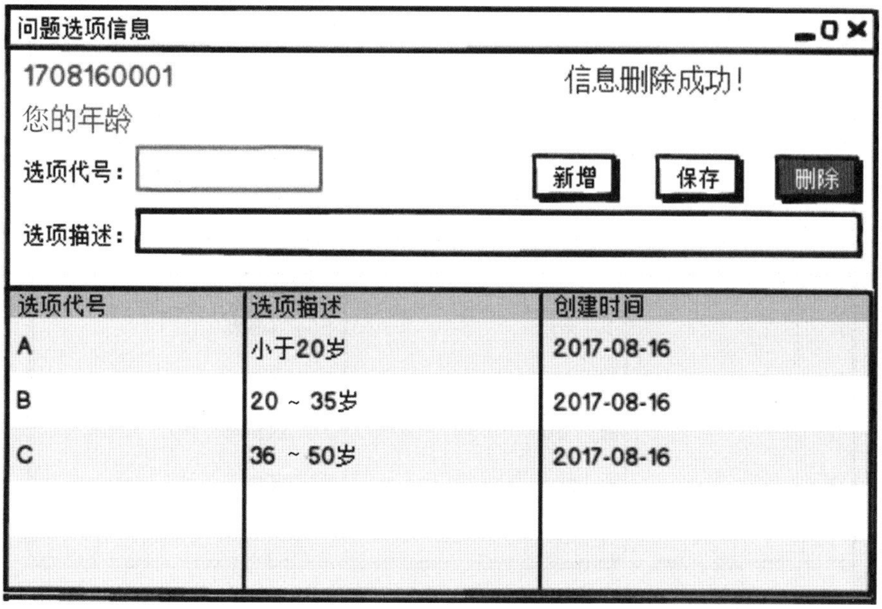

问题选项信息 _ ▢ ✖

1708160001　　　　　　　　　　信息删除成功！

您的年龄

选项代号：[　　　　　　]　　　　[新增]　[保存]　**[删除]**

选项描述：[　　　　　　　　　　　　　　　　]

选项代号	选项描述	创建时间
A	小于20岁	2017-08-16
B	20～35岁	2017-08-16
C	36～50岁	2017-08-16

图 2-120　成功删除数据后

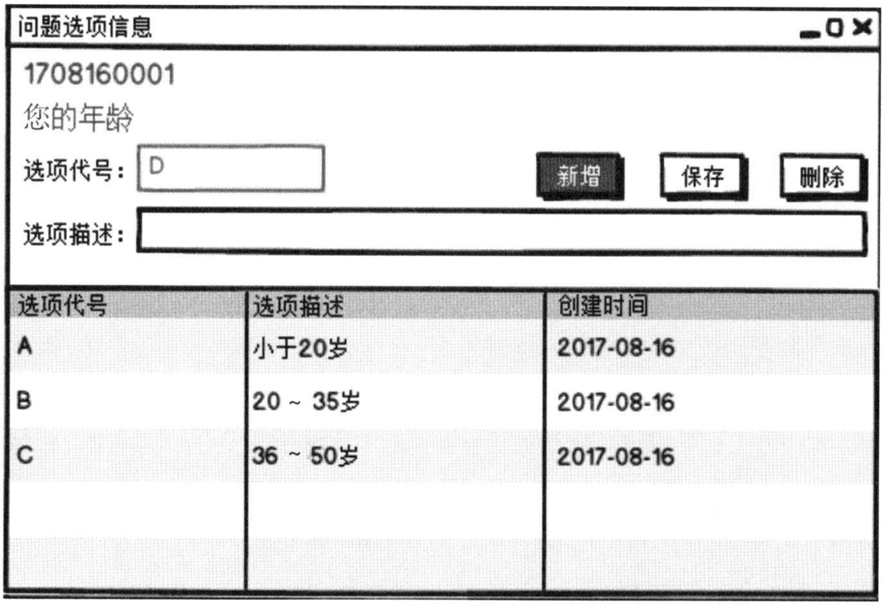

问题选项信息 _ ▢ ✖

1708160001

您的年龄

选项代号：[D　　　　　　]　　　　**[新增]**　[保存]　[删除]

选项描述：[　　　　　　　　　　　　　　　　]

选项代号	选项描述	创建时间
A	小于20岁	2017-08-16
B	20～35岁	2017-08-16
C	36～50岁	2017-08-16

图 2-121　新增事件

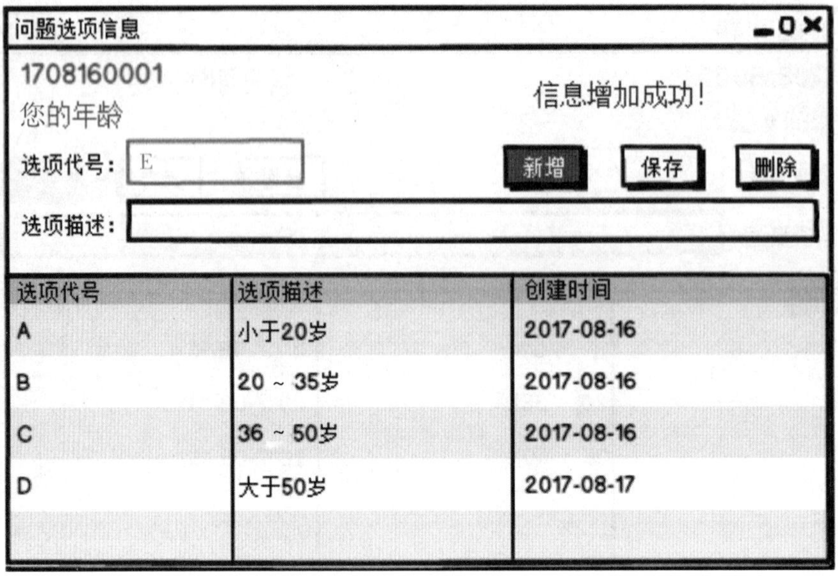

图 2-122 新增成功

此阶段完成后，需要保存设计的项目文件，以便下次可以在此基础上继续使用和完善项目功能。

6.10 数据录入（Data Input）

在此阶段，需要按照提供的问卷信息，通过以上阶段完成的功能，在数据库中录入信息。其中要录入的文件信息如下：

关于职业与就业相关问题的问卷调查

1. 您的年龄

A. 小于 20 岁　　　　B. 20~35 岁　　　　C. 36~50 岁　　　　D. 大于 50 岁

2. 您攻读的专业类别

A. 电信　　　　B. 计算机　　　　C. 电子　　　　D. 机械

E. 自动控制　　　　F. 文学　　　　G. 金融管理　　　　H. 营销

I. 法律　　　　J. 化工　　　　K. 其他

3. 您正在攻读或已获得的最高学位

A. 小学及以下　　　　B. 初中　　　　C. 高中　　　　D. 中专

E. 大专　　　　F. 大学本科　　　　G. 硕士研究生　　　　H. 博士研究生

4. 您的工作是以下哪种类型

A. 学生　　　　B. 企业职工　　　　C. 公司管理层　　　　D. 其他

5. 对企业加班情况持何种态度

A. 可以接受，能多锻炼 　　　　　B. 被逼无奈 　　　　　C. 极其反感

6. 如果学生经济条件尚可，是否赞成其出去做兼职

A. 很有必要 　　　　　B. 浪费时间 　　　　　C. 应该以学业为主

7. 从您的角度来看，新来的大学毕业生在基层工作的态度

A. 按时完成领导分配的任务 　　　　　B. 自以为是，以自我为中心

C. 有明确目标，知道自己该干什么，虚心求教 　　　　　D. 抱怨工作条件或待遇不好

8. 第一份工作对自己的影响

A. 很重要，基本上不会再换工作 　　　　　B. 重要，可以锻炼能力

C. 一般，如果有更好的机会愿意跳槽 　　　　　D. 无所谓

9. 从您的角度来看，刚毕业的大学生缺乏的是什么（多选）

A. 踏实肯干的态度 　　B. 沟通的能力 　　C. 动手操作的能力 　　D. 随机应变的能力

E. 理论与实践的能力 　　F. 自主解决问题的能力 　　G. 专业知识

10. 建议毕业生应该

A. 先择业后就业 　　　　B. 先就业后择业 　　　　C. 继续深造 　　　　D. 自主创业

11. 对"前途"和"钱途"更看重哪个

A. 前途 　　　　　B. 钱途

此阶段完成后，需要对数据库进行备份，并将备份的数据库复制存储，以便以后需要数据恢复时使用。

6.11 调查问卷创建与发布（Create and Release Questionnaire）

调查问卷是本系统的灵魂核心。只有创建并发布了调查问卷，参与者才能看到和使用，才能实现真正意义的调查研究。

在此阶段，需要基于前面阶段的项目成果，增加调查问卷创建与发布功能。调查问卷创建与发布功能需建立在满足客户需求的基础上。

（1）调查问卷发布界面设计。

①在原有的项目基础上新建一个窗体，窗体命名为"Questionnaire_Release"，窗体的标题为"调查问卷创建与发布"，如图 2 - 123 所示。

②"调查问卷创建与发布"窗体应包含"保存""删除""发布""收回"四个功能按钮，如图 2 - 123 所示。

③"调查问卷创建与发布"窗体应包含用于显示问卷代号、问卷名称、发布日期等文本标签信息的文本框，如图 2 - 123 所示。

④"调查问卷创建与发布"窗体应包含"问卷代号"文本框和"问卷名称"文本框，如图 2 - 123 所示。

⑤"调查问卷创建与发布"窗体的"发布日期"文本框应处于不可编辑状态，如图 2 - 123 所示。

⑥"调查问卷创建与发布"窗体的"发布时间"文本框应处于不可编辑状态，如图 2 - 123 所示。

⑦"调查问卷创建与发布"窗体应包含用于显示调查问卷信息的网格控件，该控件处于只读状态，且至少显示问卷代号、问卷名称、发布日期、发布时间、收回状态信息，如图 2 - 123 所示。

⑧"调查问卷创建与发布"窗体的网格显示控件应处于窗体下方，并且大小随着窗体的改变而自动适应。

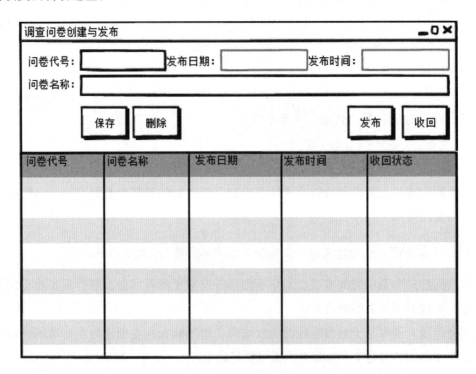

图 2 - 123   "调查问卷创建与发布"窗体

（2）界面打开与切换。

①"调查问卷创建与发布"窗体应通过点击主窗体界面的"2. 问卷生成"菜单进入，如图 2 - 124 所示。

②当打开"调查问卷创建与发布"窗体时，主窗体界面为隐藏不可见状态，如图 2 - 125 所示。

③当关闭"调查问卷创建与发布"窗体时，主窗体界面恢复可见状态，如图2-126
所示。

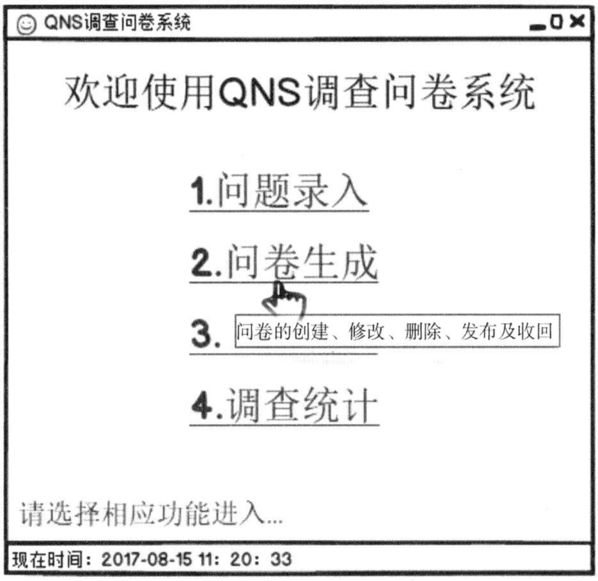

图2-124 点击"2. 问卷生成"菜单

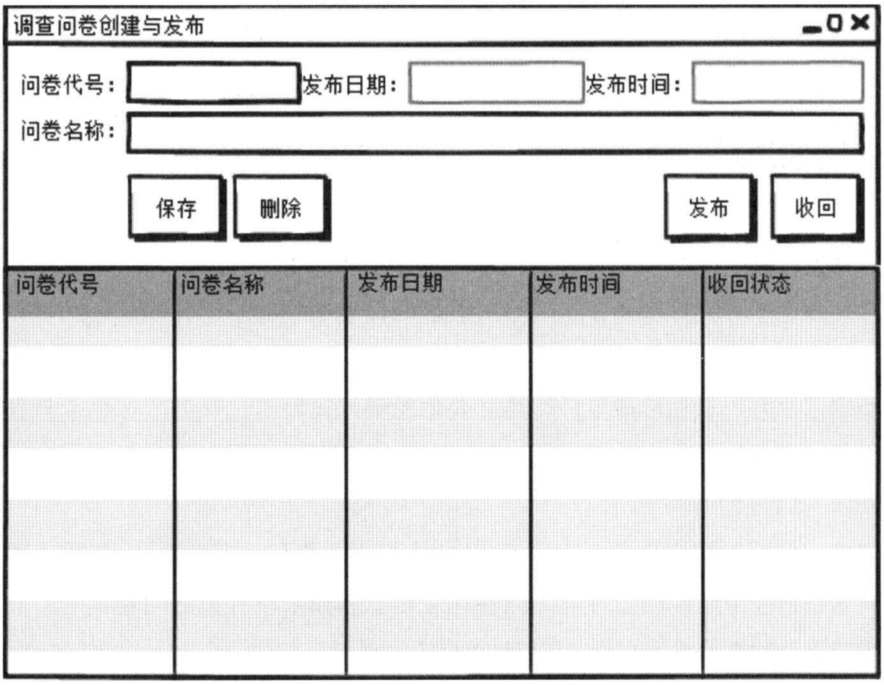

图2-125 打开"调查问卷创建与发布"窗体

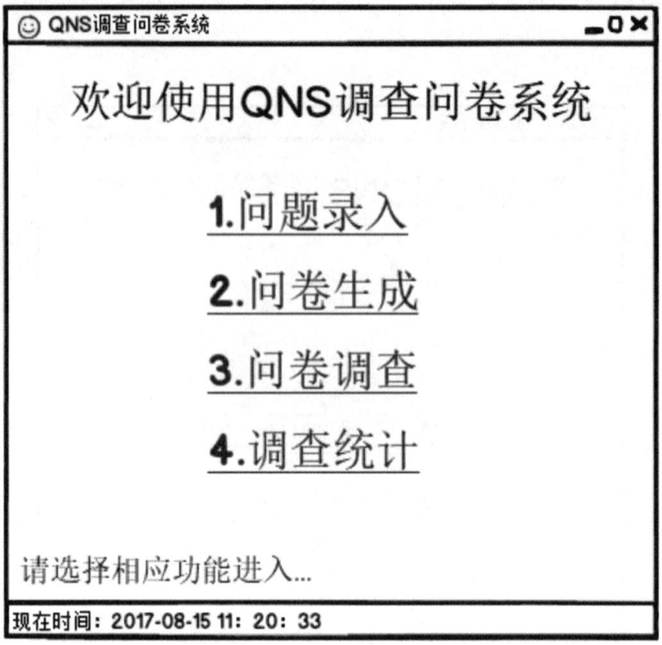

图 2 – 126 关闭"调查问卷创建与发布"窗体，返回主窗体界面

（3）功能实现。

①实现自动查询数据事件，当打开"调查问卷创建与发布"窗体时，网格自动显示出数据表中所有的调查问卷信息，如图 2 – 127 所示。

②实现文本输入校验事件，当"问卷代号"或"问卷名称"文本框未输入字符或输入空字符时，点击"保存"按钮，弹出"问卷代号不能为空！"的提示，如图 2 – 128 所示。

③实现"保存"按钮新增事件，当必要信息输入完整时，点击"保存"按钮，则将信息保存到数据库对应的数据表。同时用消息框提示用户信息保存成功，网格数据实时刷新，如图 2 – 129 所示。

④实现"保存"按钮修改事件，当必要信息输入完整时，点击"保存"按钮，则将数据表中相同问卷代号的信息修改更新。同时用消息框提示用户信息保存成功，网格数据实时刷新，如图 2 – 130 所示。

⑤实现"删除"按钮事件，在"问卷代号"文本框输入信息后，点击"删除"按钮，则检索数据表中是否存在对应的问卷代号信息。如果没有相同问卷代号，则用消息框提示用户无此问卷信息，如图 2 – 131 所示。

⑥实现"删除"按钮事件，在"问卷代号"文本框输入信息时，点击"删除"按钮，则检索数据表中是否存在对应的问卷代号信息。如果有相同问卷代号，则用消息对

话框询问用户是否删除该问卷记录，如图 2－132 所示。

　　⑦当用户选择消息对话框的"否"按钮时，表示不删除该问卷记录，则无任何操作并返回到问卷生成界面，如图 2－133 所示。

　　⑧当用户选择消息对话框的"是"按钮时，表示确认删除该问卷记录。此时应删除对应数据表的问卷记录，并用消息框提示用户信息删除成功，刷新网格信息，如图 2－134 所示。

　　⑨实现网格点击事件，当鼠标点击对应的数据记录时，将其问卷代号、问卷名称、发布日期等信息填充到对应文本框，如图 2－135 所示。

　　⑩实现"发布"按钮事件，当选择某个问卷记录并点击"发布"按钮时，判断该问卷是否有内容。如果没有，则提示用户该问卷不能发布，如图 2－136 所示。

　　⑪实现"发布"按钮事件，当选择某个问卷记录并点击"发布"按钮时，判断该问卷是否已经收回。如果已经收回，则提示用户该问卷已经收回，不能再次发布，如图 2－137 所示。

　　⑫实现"发布"按钮事件，当选择某个问卷记录并点击"发布"按钮时，如果该问卷既有内容，又处于未收回状态，则将对应问卷记录的状态改成已发布，并自动填入当前日期和时间到对应的数据表，同时提示用户该问卷发布成功，刷新网格数据，如图 2－138 所示。

　　⑬实现"收回"按钮事件，当选择某个问卷记录并点击"收回"按钮时，如果该问卷状态为未发布（收回状态为 0），则提示用户无须收回问卷，如图 2－139 所示。如果该问卷为已发布（收回状态为 N），则提示用户问卷收回成功，如图 2－140 所示。否则提示用户无须收回问卷，如图 2－141 所示。

　　⑭实现"删除"按钮事件，当问卷已经发布但未收回时，点击"删除"按钮，则用消息框提示用户先收回问卷，如图 2－142 所示。

图 2－127　调查问卷列表显示

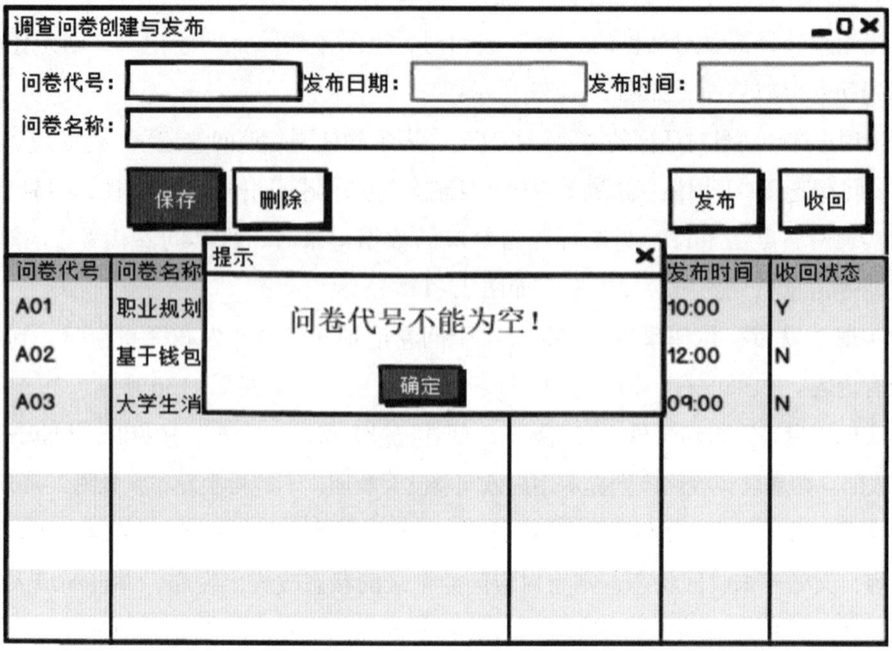

调查问卷创建与发布 — ◻ ✕

问卷代号：[   ]   发布日期：[   ]   发布时间：[   ]

问卷名称：[   ]

保存   删除   发布   收回

问卷代号	问卷名称			发布时间	收回状态
A01	职业规划			10:00	Y
A02	基于钱包			12:00	N
A03	大学生消			09:00	N

提示　✕
问卷代号不能为空！
确定

图 2 - 128　文本输入校验

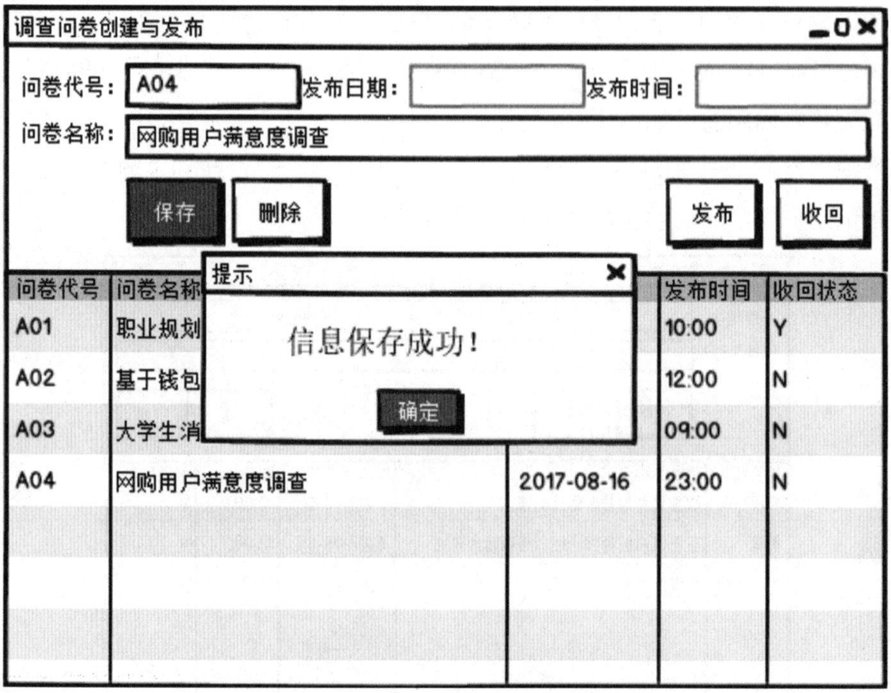

调查问卷创建与发布 — ◻ ✕

问卷代号：[A04   ]   发布日期：[   ]   发布时间：[   ]

问卷名称：[网购用户满意度调查   ]

保存   删除   发布   收回

问卷代号	问卷名称		发布日期	发布时间	收回状态
A01	职业规划			10:00	Y
A02	基于钱包			12:00	N
A03	大学生消			09:00	N
A04	网购用户满意度调查		2017-08-16	23:00	N

提示　✕
信息保存成功！
确定

图 2 - 129　信息保存成功

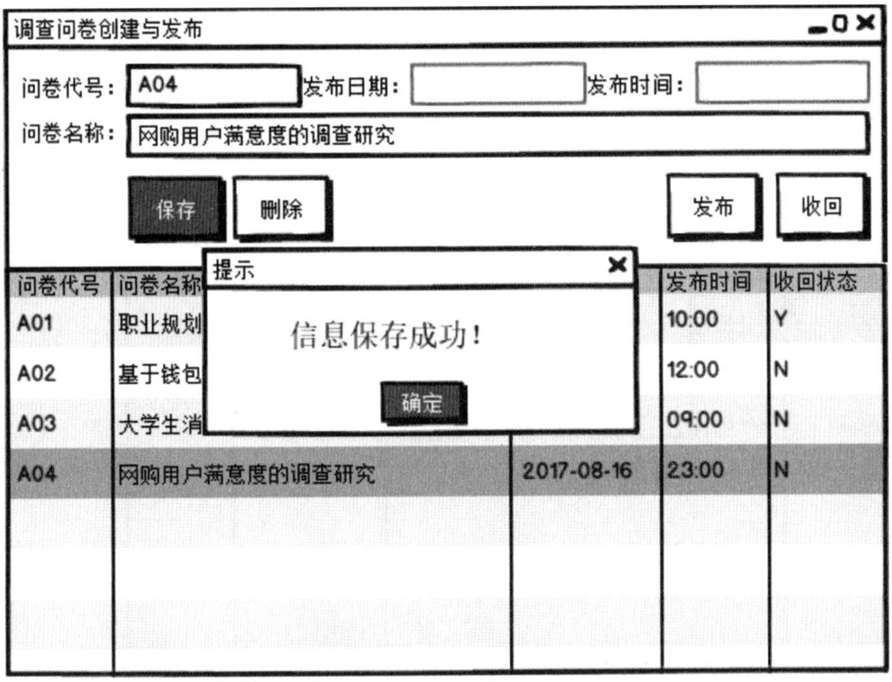

图 2 - 130　信息修改成功

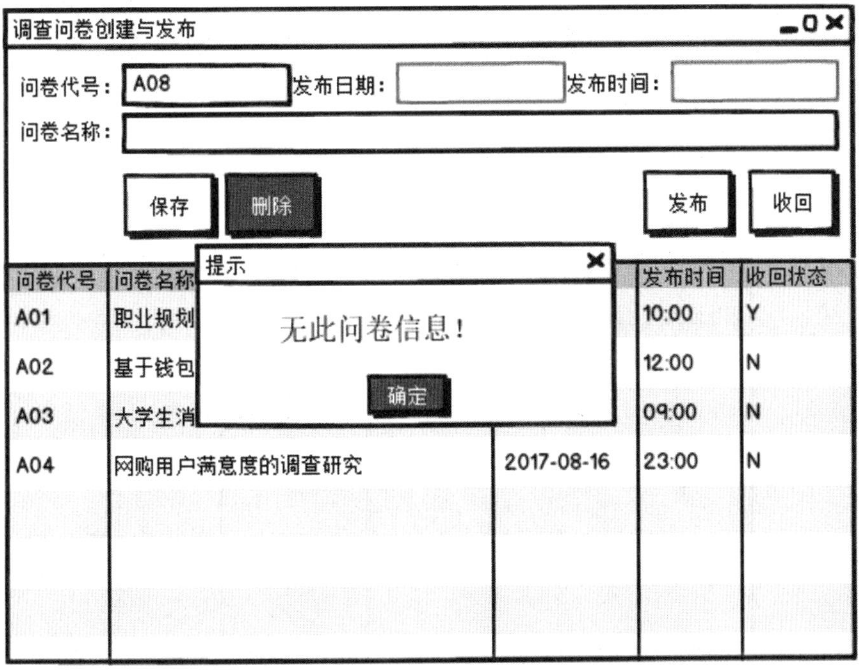

图 2 - 131　删除校验

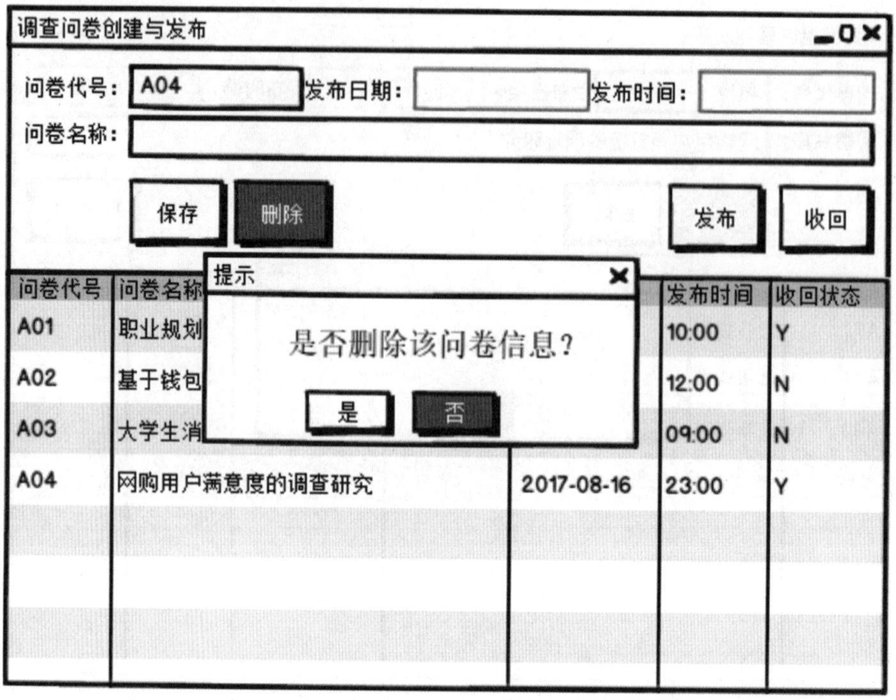

图 2 – 132　删除确认

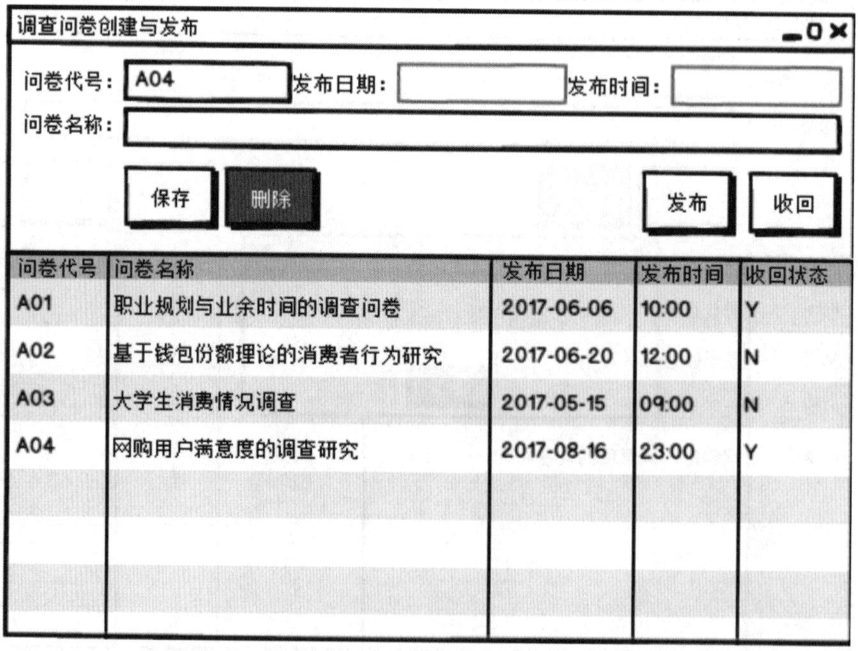

图 2 – 133　取消删除

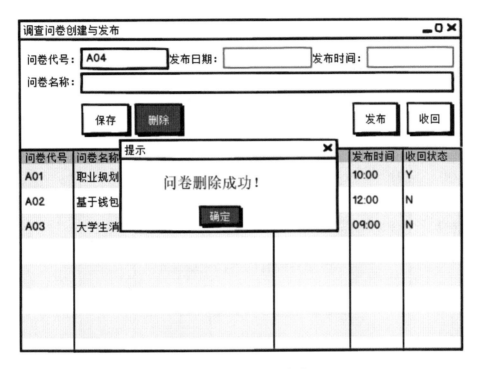

图 2 – 134 问卷删除成功

图 2 – 135 网格点击事件

图 2-136　问卷内容检测

图 2-137　问卷发布检测

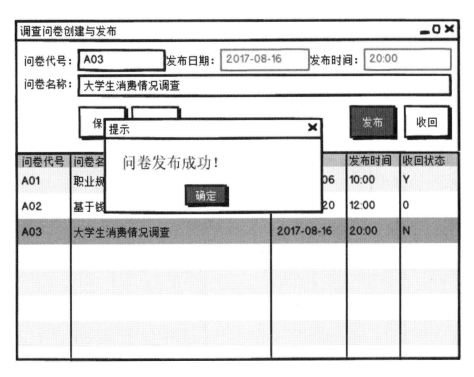

图2-138 问卷发布成功

图2-139 问卷收回检测

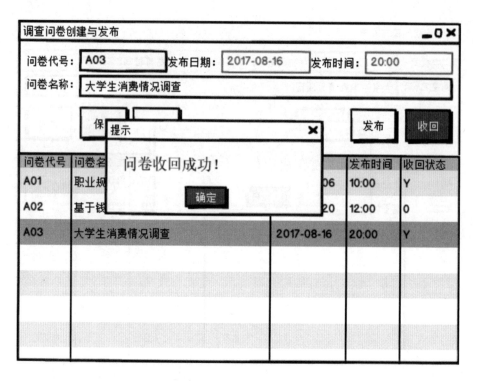

图 2 – 140　问卷收回成功

图 2 – 141　问卷无须收回

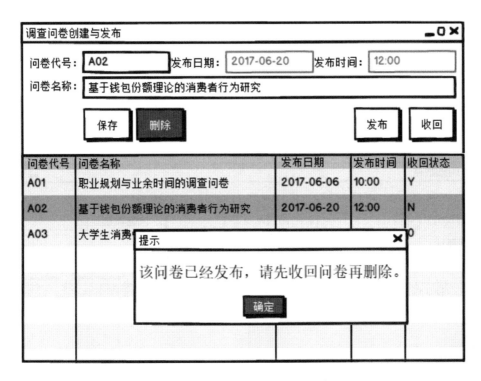

图 2 - 142　已发布但未收回的问卷无法直接删除

此阶段完成后，需要保存设计的项目文件，以便下次可以在此基础上继续使用和完善项目功能。

6.12　问卷明细功能实现（Questionnaire Detail）

问卷明细即调查问卷的问题及选项，是一份问卷的精髓。问题的好与坏直接决定了问卷的质量和调查目标。

在此阶段，需要基于前期的项目成果，实现问卷明细的维护功能。

（1）问卷明细界面设计。

①在原有的项目基础上新建一个窗体，窗体命名为"Questionnaire_Info"，窗体的标题为"问卷明细信息"，如图 2 - 143 所示。

②"问卷明细信息"窗体应包含"添加""修改""删除"三个功能按钮，如图 2 - 143 所示。

③"问卷明细信息"窗体应包含用于显示问卷代号和问卷名称的文本标签信息，如图 2 - 143 所示。

④"问卷明细信息"窗体应包含"问题代号"下拉框，如图 2 - 143 所示。

⑤"问卷明细信息"窗体应包含"问题序号""问题类型""问题描述"三个文本

框，且"问题类型"文本框、"问题描述"文本框应是不可输入状态，如图2－143所示。

⑥"问卷明细信息"窗体应包含用于显示问题信息的网格控件，该控件处于只读状态，且至少显示问题序号、问题代号、问题描述、问题类型信息，如图2－143所示。

⑦"问卷明细信息"窗体的网格显示控件应该处于窗体下方，并且大小随着窗体的改变而自动适应。

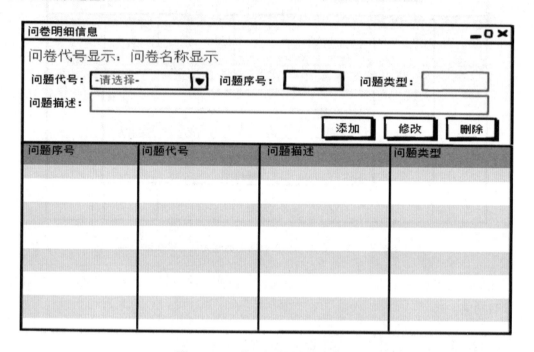

图2－143　"问卷明细信息"窗体

（2）界面切换要求。

①"问卷明细信息"窗体必须通过双击"调查问卷创建与发布"窗体对应的某行记录打开，如图2－144、图2－145所示。此外，一次只能打开一个"问卷明细信息"窗体，即当打开一个窗体时，在未关闭的情况下无法再打开第二个同类窗体。

②"问卷明细信息"窗体打开时，文本标签必须显示当前问卷代号、问卷名称信息，如图2－145所示。

③"问卷明细信息"窗体打开时，网格默认显示该问卷关联的所有问题信息，如图2－145所示。

图 2 – 144 双击选择某行记录

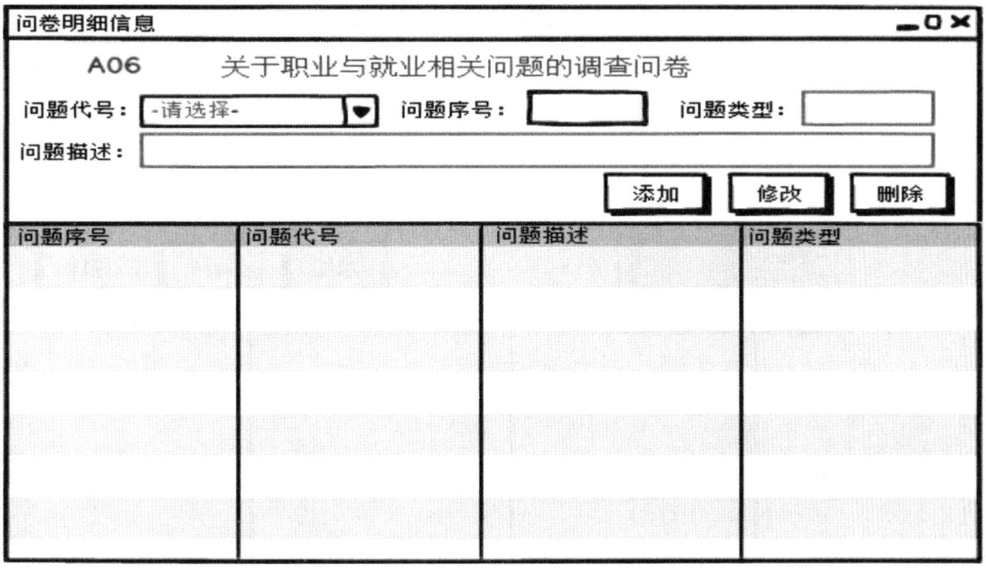

图 2 – 145 打开"问卷明细信息"窗体

（3）选项信息维护功能实现。

①实现"问题代号"下拉框事件，使下拉框默认显示所有的问题代号信息，如图 2 – 146 所示。当选择下拉框某个问题代号时，自动将该问题类型、问题描述填充到对应文本框，如图 2 – 147 所示。

②实现问题序号自动生成功能，在下拉框选择后，自动根据当前问卷查找问卷明细的最大问题序号，并在此基础上加1。如果没有明细记录，则默认第一条记录为001，如图2-147所示。

③实现"添加"按钮事件，在下拉框选择一个问题代号后，点击"添加"按钮，该问题信息添加到数据库对应的表，如图2-148所示。

④实现"添加"按钮事件，在下拉框选择一个问题代号后，点击"添加"按钮，如果该问题已经添加或问题代号重复，则提示用户重复操作，如图2-149所示。

⑤实现网格点击事件，当点击网格某问题记录时，表示选择该行记录，应把相关的信息填充到对应文本框，如图2-150所示。

⑥实现"修改"按钮事件，在选择某行记录并修改"问题代号"文本框信息后，点击"修改"按钮，则将对应的问题序号修改，同时提示用户问题序号已修改并刷新网格数据，如图2-151所示。

⑦实现"删除"按钮事件，在选择某行记录并点击"删除"按钮后，询问用户是否确认删除，如图2-152所示。当用户选择对话框的"是"按钮时，表示确认删除，此时删除数据库对应的记录信息，并刷新网格数据，如图2-153所示。

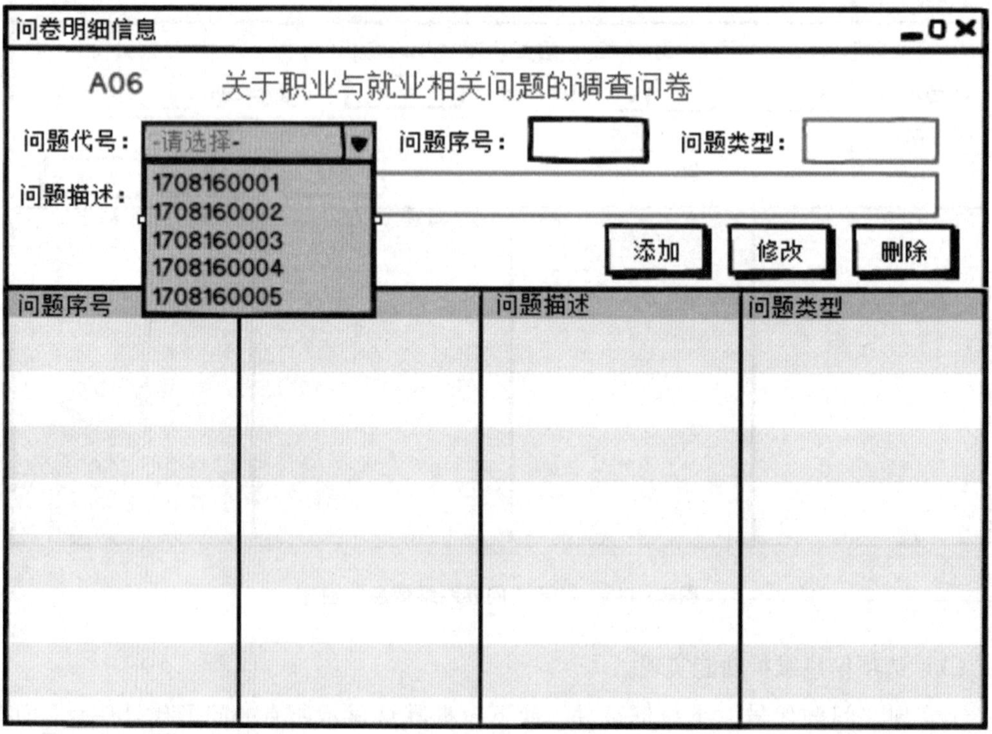

图2-146 下拉框选择

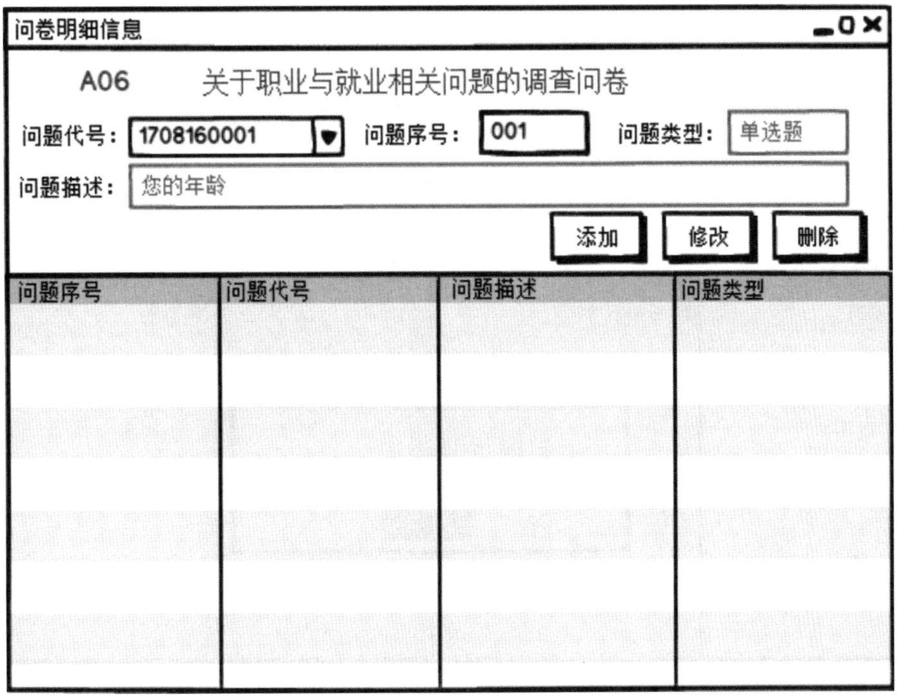
问卷明细信息
A06
关于职业与就业相关问题的调查问卷
问题代号：
1708160001
问题序号：
001
问题类型：
单选题
问题描述：
您的年龄
添加
修改
删除
问题序号
问题代号
问题描述
问题类型

图 2－147　下拉框选择后

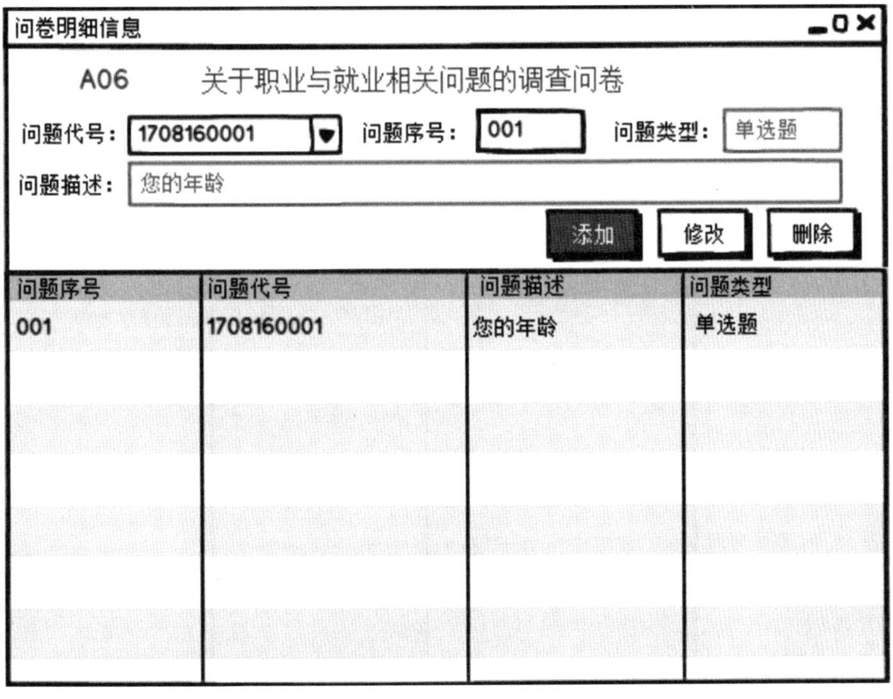
问卷明细信息
A06
关于职业与就业相关问题的调查问卷
问题代号：
1708160001
问题序号：
001
问题类型：
单选题
问题描述：
您的年龄
添加
修改
删除
问题序号
问题代号
问题描述
问题类型
001
1708160001
您的年龄
单选题

图 2－148　添加问题信息

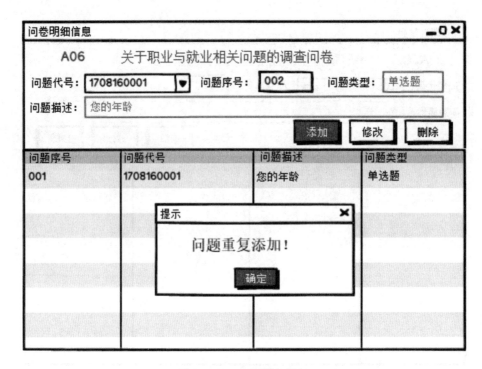

图 2 - 149   问题重复添加

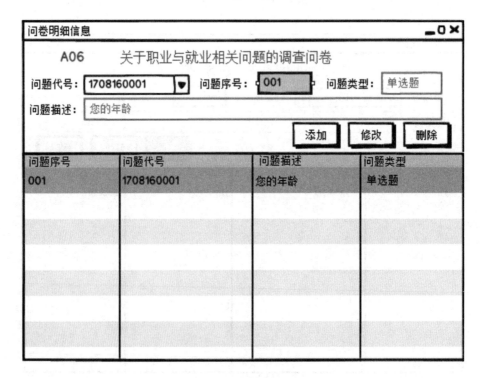

图 2 - 150   网格信息选择

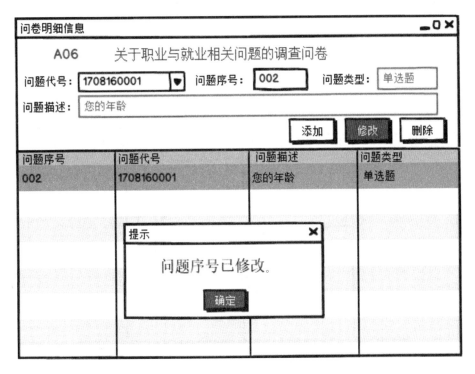

图 2 - 151　问题序号修改

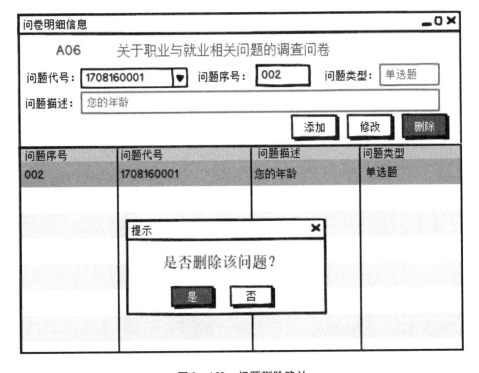

图 2 - 152　问题删除确认

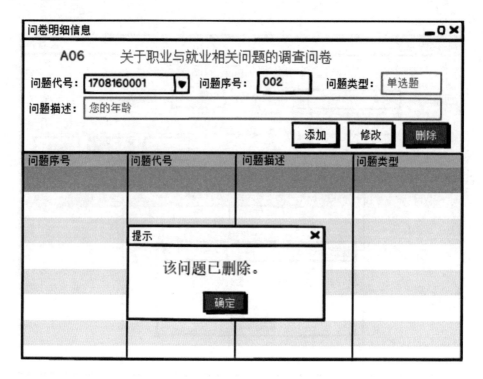

图 2 - 153   问题删除

此阶段完成后，需要保存设计的项目文件，以便下次可以在此基础上继续使用和完善项目功能。

6.13   问卷调查功能（Questionnaire）

调查问卷创建并发布后，参与者即可通过系统进行问卷调查的相关操作，从而代替了依靠填写纸质问卷进行调查的传统形式。这节约了打印成本，更节省了人力和时间。高效的调查问卷系统实时更新调查进度，快速统计调查结果，让管理者轻松完成工作并实现目标。

在此阶段，需要基于以前的项目成果，实现问卷调查功能。问卷调查功能是系统的核心功能部分，实现此功能模块需要满足以下要求：

（1）界面设计。

①在原有的项目基础上新建两个窗体，分别命名为"Questionnaire_Select"和"Questionnaire"，窗体对应标题分别为"问卷选择"和"问卷调查"，如图 2 - 154、图 2 - 155 所示。

②"问卷选择"窗体应包含一个用于选择问卷的下拉框控件，如图 2 - 154 所示。

③"问卷选择"窗体应包含"进入"和"离开"两个功能按钮，按钮文本描述应有中英文，如图 2 - 154 所示。

④ "问卷调查"窗体应包含用于显示问卷名称的文本标签信息,如图 2 – 155 所示。

⑤ "问卷调查"窗体应包含用于显示问题序号和问题描述的文本标签信息,如图 2 – 155 所示。

⑥ "问卷调查"窗体应包含问题选项信息及选择控件,如图 2 – 155 所示。

⑦ "问卷调查"窗体应包含用于显示调查进度的答题进度条,如图 2 – 155 所示。

⑧ "问卷调查"窗体应包含用于进入下一题的按钮,如图 2 – 155 所示。

⑨ "问卷调查"窗体应包含用于显示参与者 ID 的文本标签信息,如图 2 – 155 所示。

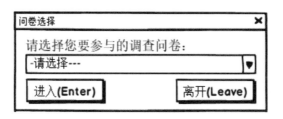

图 2 – 154 "问卷选择"窗体

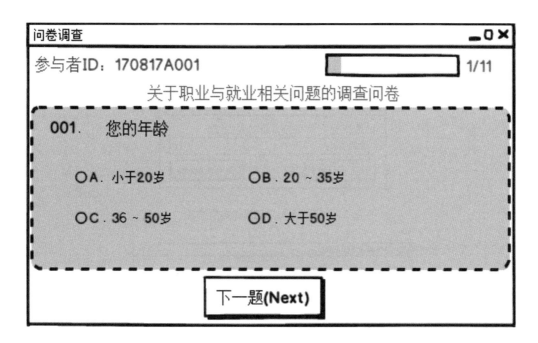

图 2 – 155 "问卷调查"窗体

(2)界面打开与切换。

① "问卷选择"窗体应通过点击主窗体界面的 "3. 问卷调查"菜单进入,如图 2 – 156 所示。

②当打开"问卷选择"窗体时,主窗体界面为隐藏不可见状态,如图 2 – 157 所示。

③当关闭"问卷选择"窗体时，主窗体界面恢复可见状态，如图2-158所示。

④当点击"问卷选择"窗体的"离开"按钮时，主窗体界面恢复可见状态，如图2-158所示。

⑤当选择问卷并点击"进入"按钮时，关闭"问卷选择"窗体，打开"问卷调查"窗体，如图2-159、图2-160所示。

图2-156　点击"问卷调查"菜单

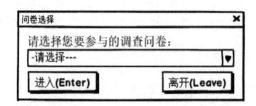

图2-157　进入"问卷选择"界面

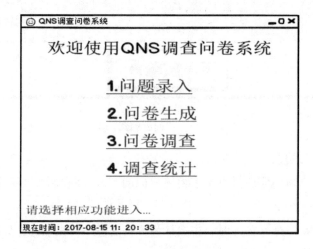

图2-158　返回主窗体界面

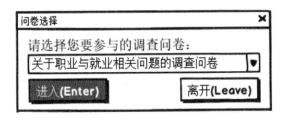

图 2 - 159 选择问卷进入

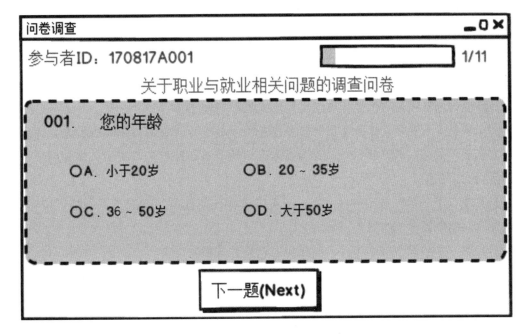

图 2 - 160 打开"问卷调查"界面

（3）功能实现。

①实现"问卷选择"窗体下拉框自动获取数据功能，当打开该窗体时，自动从数据库对应的数据表查找已经发布且未收回的问卷名称，填充到下拉框，如图 2 - 161 所示。

②修改下拉框属性，使下拉框信息只能通过选择，而不能输入。

③实现"离开"按钮事件，当用户点击"离开"按钮时，关闭"问卷选择"窗体，并返回到主界面，如图 2 - 162 所示。

④实现"进入"按钮事件，当用户未选择任何问卷点击"进入"按钮时，提示用户选择对应的问卷，如图 2 - 163 所示。

⑤实现"进入"按钮事件，当用户选择相关问卷点击"进入"按钮时，进入"问卷调查"界面，如图 2 - 164 所示。

⑥实现自动产生参与者 ID 功能，当进入"问卷调查"界面时，自动产生唯一的参与者 ID，参与者 ID 格式为 A + 六位流水号，如 A000001，如图 2 - 165 所示。

⑦实现不同窗体之间信息交换功能，当用户选择某个问卷名称并进入"问卷调查"界面时，自动将选择的问卷名称显示在"问卷调查"界面的问卷名称文本标签上，如图2－165所示。

⑧实现问卷问题查找功能，当进入"问卷调查"界面时，系统根据该问卷排序查找该问卷的问题信息，并将最小的问题序号和问题描述显示到对应的文本标签，如图2－165所示。

⑨实现问题选择控件自动生成功能，当查询获得问题描述时，根据该问题获得对应的问题选项，并根据选项数量和问题类型自动生成控件。如果当前问题是单选题，有4个选项信息，则依次生成4个Radio Button控件，控件名称则用选项代号和描述代替，如图2－165所示；如果当前问题是多选题，有7个选项信息，则依次生成7个Checkbox控件，控件名称同样用选项代号和描述代替，如图2－166所示。

⑩实现进度条功能，让进度条根据答题进度自动变化，如图2－166所示。

⑪实现"关闭"按钮事件，当参与者未完成所有答题并点击"关闭"按钮时，弹出对话框提示，如图2－167所示。

⑫实现"下一题"按钮事件，当参与者未选择任何选项并点击"下一题"按钮时，弹出对应的消息提示，如图2－168所示。

⑬实现"下一题"按钮事件，当参与者选择好选项并点击"下一题"按钮时，自动将选择的信息保存到相关数据表字段，并跳到下一个问题，如图2－169、图2－170所示。

⑭实现最后问题检测功能，当答到最后一道问题时，"下一题"按钮变成"完成"按钮，如图2－171所示。当参与者答完所有的问题时，点击该按钮则将最后一题选择的信息保存到相关数据表字段，并关闭"问卷调查"窗体，回到主窗体界面。

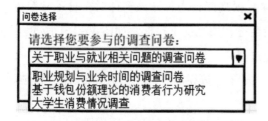

图2－161　下拉选择问卷

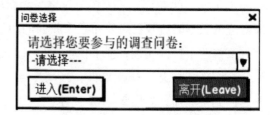

图2－162　"离开"按钮事件

图 2-163 下拉选择检查

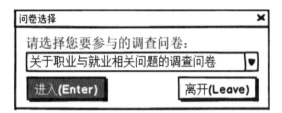

图 2-164 选择调查问卷

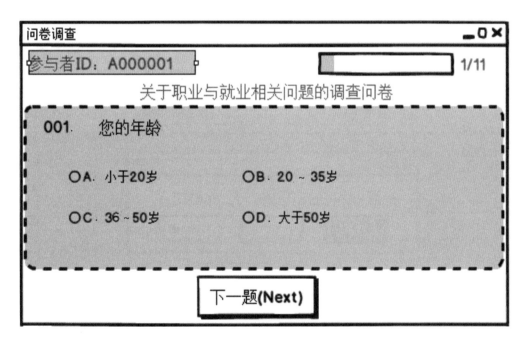

图 2-165 进入"问卷调查"界面

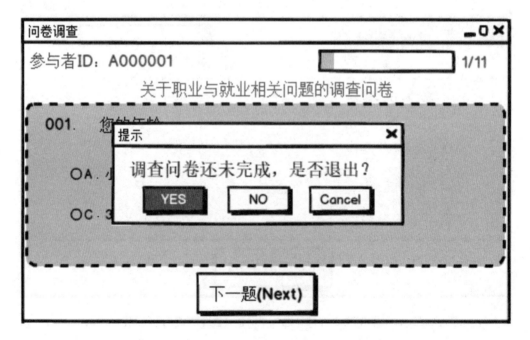

图 2 - 166　多选题选项

图 2 - 167　未完成答题并点击"关闭"时的提醒

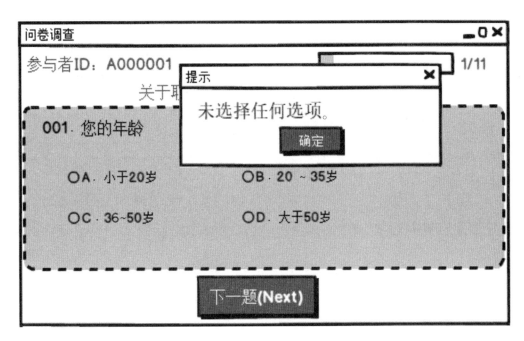

图 2－168 未选择任何选项时的提醒

问卷调查 ＿□✕

参与者ID：A000001 1/11

关于职业与就业相关问题的调查问卷

001. 您的年龄

○A. 小于20岁 ◉B. 20 ~ 35岁

○C. 36 ~50岁 ○D. 大于50岁

下一题(Next)

图 2－169 选择"下一题"

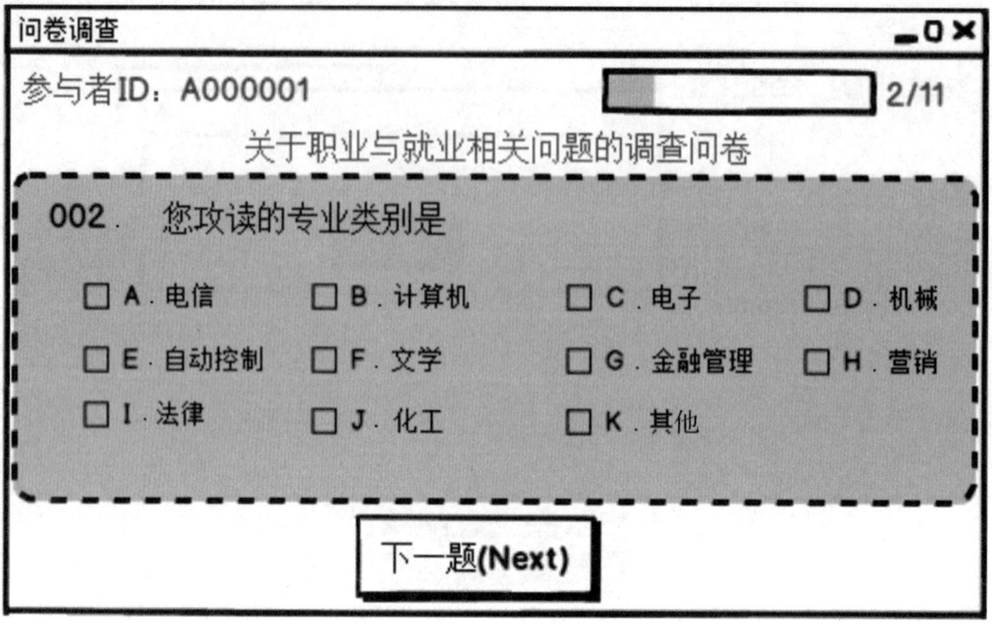

图 2-170 调查问卷第二题

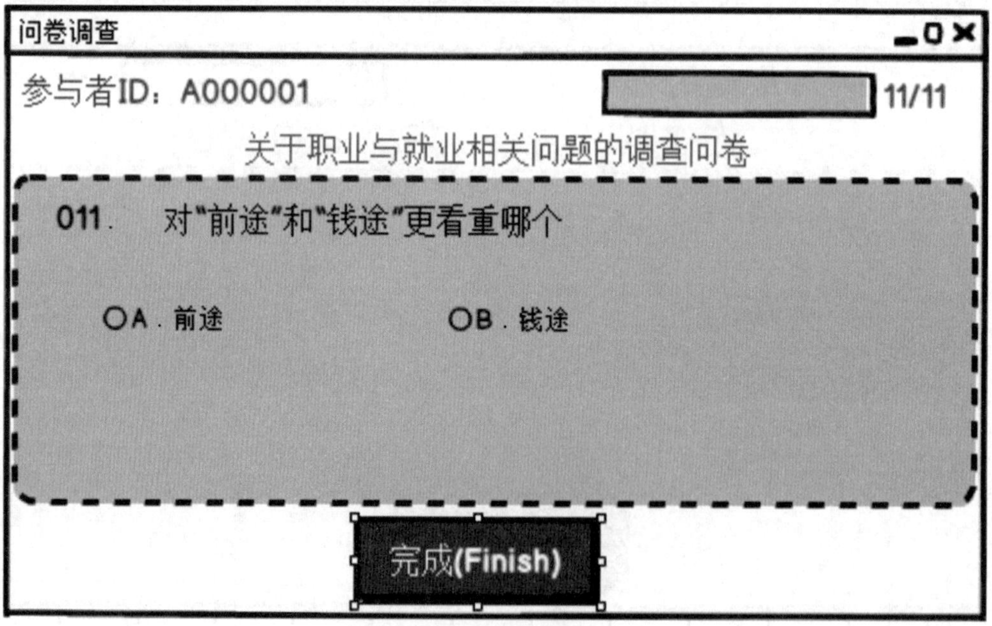

图 2-171 调查问卷最后一题

此阶段完成后，需要保存设计的项目文件，以便下次可以在此基础上继续使用和完善项目功能。

6.14　调查结果分析与统计（Analysis and Statistics）

调查统计是指根据调查问卷结果进行分析统计，以数据、图形或者多形式结合的方式，呈现调查问卷数据采集的结果，是调查问卷系统的重要功能。

在此阶段，需要基于前期的项目成果、知识和经验，完成调查统计功能模块的开发工作。进行调查统计功能模块的开发设计时，应遵循以下要求：

（1）界面设计。

①在原有的项目基础上新建一个窗体，分别命名为"Analysis"，窗体标题为"调查统计"，如图 2 – 172 所示。

②"调查统计"窗体应包含一个用于选择问卷的下拉框控件，如图 2 – 172 所示。

③"调查统计"窗体应包含"数据视图""柱形图""饼图"三个统计视图功能选择按钮，并且默认选择"数据视图"功能按钮，如图 2 – 172 所示。

④"调查统计"窗体应包含用于显示统计信息的区域，如图 2 – 172 所示。

⑤"调查统计"窗体应包含用于显示当前时间的空间，如图 2 – 172 所示。

⑥"调查统计"窗体应包含用于信息提示的文本标签，如图 2 – 172 所示。

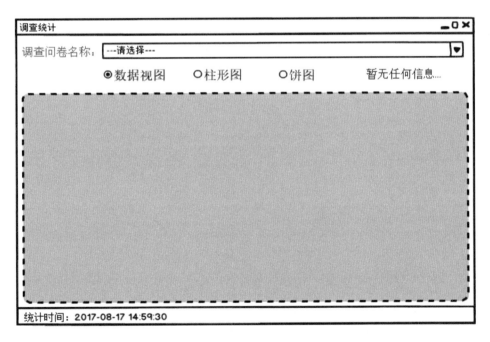

图 2 – 172　"调查统计"窗体

（2）界面打开与切换。

①"调查统计"窗体应通过点击主窗体界面的"4. 调查统计"菜单进入，如图 2 – 173 所示。

②当打开"调查统计"窗体时，主窗体界面为隐藏不可见状态，如图 2 – 174 所示。

③当关闭"调查统计"窗体时，主窗体界面恢复可见状态，如图 2 – 175 所示。

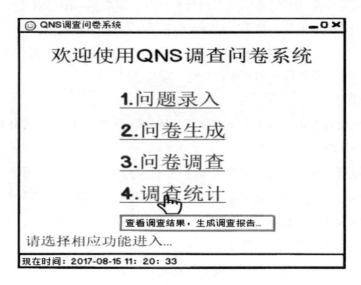

图 2 – 173　点击"调查统计"菜单

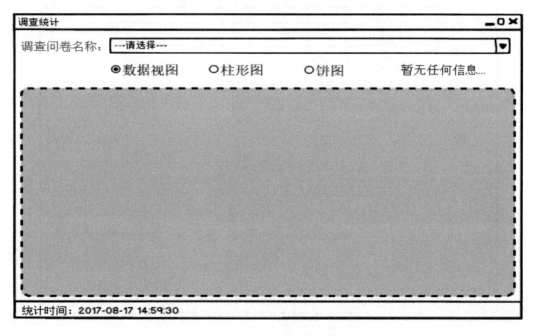

图 2 – 174　进入"调查统计"界面

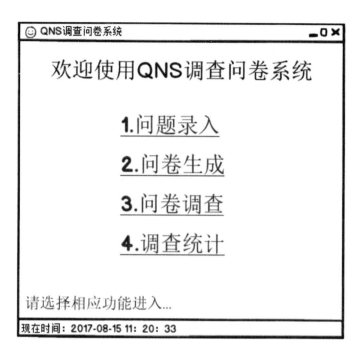

图 2 - 175　关闭"调查统计"界面，返回主窗体界面

（3）功能实现。

①实现"调查统计"窗体下拉框自动获取数据功能，当打开该窗体时，自动从数据库对应的数据表查找所有已收回的问卷代号和问卷名称，填充到下拉框，如图 2 - 176 所示。

②修改下拉框属性，使下拉框信息只能选择，而不能输入。

③实现时间动态显示功能，当进入"调查统计"界面时，左下角时间实时显示当前时间，并随时间变化而变化，如图 2 - 176 所示。

④实现下拉框选择功能，当选择某个调查问卷时，自动从数据库对应的表查询、统计数据，并以数据视图的形式填充到信息统计区域，如图 2 - 177 所示。

⑤实现下拉框选择功能，当选择某个调查问卷时，自动从数据库对应的表查询、统计数据，并以文本标签显示，如图 2 - 177 所示。

⑥实现统计视图切换功能，当用户选择调查问卷并点击"柱形图"选项时，自动从数据库对应的表查询、统计数据，并以柱形图的形式填充到信息统计区域，如图 2 - 178 所示。

⑦实现统计视图切换功能，当用户选择调查问卷并点击"饼图"选项时，自动从数据库对应的表查询、统计数据，并以饼图的形式填充到信息统计区域，如图 2 - 179 所示。

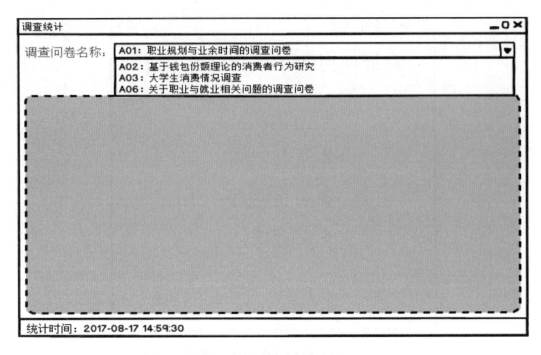

图 2 – 176　下拉框选择问卷

调查统计		
调查问卷名称：A06：关于职业与就业相关问题的调查问卷		
◉数据视图　○柱形图　○饼图　共11条记录		
001．您的年龄		
A．小于20岁 ------------25%		
B．20~35岁 ------------35%		
C．36~50岁 ------------26%		
D．大于50岁 ------------14%		
002．您攻读的专业类别		
A．电信 ------------11%		
B．计算机 ------------15%		
C．电子 ------------13%		
D．机械 ------------12%		
E．自动控制 ------------10%		
F．文学 ------------4%		
G．金融管理 ------------11%		
H．营销 ------------9%		
I、法律 ------------5%		
J．化工 ------------7%		
K．其他 ------------3%		
统计时间：2017-08-17 14:59:30		

图 2 – 177　选择问卷后的数据统计视图

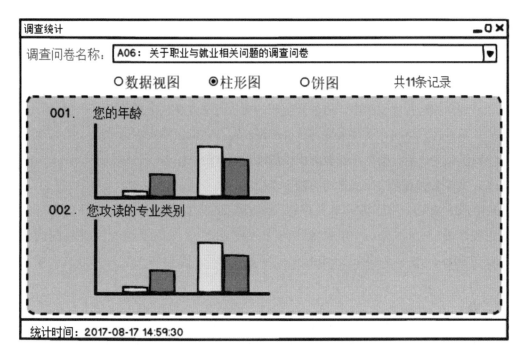

图 2-178　柱形图视图

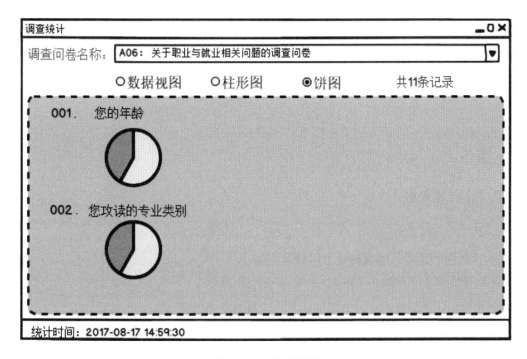

图 2-179　饼图视图

此阶段完成后，需要保存设计的项目文件，以便下次可以在此基础上继续使用和完善项目功能。

6.15 运行并测试应用程序（Run and Test the Program）

到此阶段，工作任务二的系统开发阶段已经基本结束。此时需要对所开发的调查问卷系统进行测试并填写相应的测试报告。此阶段的任务要求必须满足如下条件：

（1）编译并运行应用程序，将编译生成的可执行文件复制出来运行。

（2）单独运行可执行文件来进行软件测试，而非在调试模式下运行。

（3）测试完成后，根据任课教师提供的模板填写测试报告。

（4）文件名称必须按照成果清单的要求命名。

此阶段完成后，需要将成果文件提交到指定的位置存放，成果文件包含可运行的应用程序 QNS_××.exe、项目源代码文件夹 QNS_×× 以及填写完善后的测试报告 QNS_TestReport_××.docx，其中××为你的学号。及时备份文件是非常必要且有用的。

6.16 编写用户使用手册（Write Operation Manual）

到此阶段，工作任务二的系统开发阶段已经结束。此时需要为所开发的调查问卷系统编写用户使用手册，以便交付用户使用后，用户能方便快捷地操作软件。编写用户手册必须满足如下条件：

（1）必须符合国家标准 GB8567—88 的用户使用手册格式要求。

（2）文件名称必须按照任务成果清单的要求命名。

（3）必须符合指引要求。

此阶段完成后，需要将成果文件 QNS_OperationManual_××.docx 提交到指定的位置存放，其中××为你的学号。

7. 任务成果展示

在此阶段，需要制作一个 PPT 展示文档，来向销售对象讲解本产品。

（1）制作 PPT 时，应遵循以下风格及要求：

①标题字号大于或等于40磅，正文字号大于24磅。

②正文幻灯片的底部显示公司的名称、网址及联系方式。

③公司名称，如"工贸软件科技有限公司"。

④公司网址，如"http://www.gzittc.com"。

⑤公司电话，如"（020）8608××××"。

（2）进行 PPT 展示时，需要做到以下七点：

①展示出所开发系统的所有部分及其特色功能设计与实现。

②展示的内容应该包含系统流程图、实体关系图及用例图等。

③确保演示文稿是专业的、完整的（包括母版，有切换效果、动画效果、链接）。

④使用清晰的语言表达。

⑤演示方式要流畅专业。

⑥必须具有良好的礼仪礼貌。

⑦把握好演讲时间及演讲技巧。

8. 任务评审标准

本任务的评审标准参照技能标准规范（WSSS），如表 2 - 14 所示。

表 2 - 14　评审标准

部分	技能标准	权重
1. 工作组织和管理	个人需要知道和理解： ➢ 团队高效工作的原则与措施 ➢ 系统组织的原则和行为 ➢ 系统的可持续性、策略性、实用性 ➢ 从各种资源中识别、分析和评估信息 个人应能够： ➢ 合理分配时间，制订每日开发计划 ➢ 使用计算机或其他设备以及一系列软件包 ➢ 运用研究技巧和技能，紧跟最新的行业标准 ➢ 检查自己的工作是否符合客户与组织的需求	5
2. 交流和人际交往技能	个人需要知道和理解： ➢ 聆听技能的重要性 ➢ 与客户沟通时，严谨与保密的重要性 ➢ 解决误解和冲突的重要性 ➢ 取得客户信任并与之建立高效工作关系的重要性 ➢ 写作和口头交流技能的重要性	5

（续上表）

部分	技能标准	权重
2. 交流和人际交往技能	个人应能够使用读写技能： ➢ 遵循指导文件中的文本要求 ➢ 理解工作场地说明和其他技术文档 ➢ 与最新的行业准则保持一致 个人应能够使用口头交流技能： ➢ 对系统说明进行讨论并提出建议 ➢ 使客户及时了解系统进展情况 ➢ 与客户协商项目预算和时间表 ➢ 收集和确定客户需求 ➢ 演示推荐的和最终的软件解决方案 个人应能够使用写作技能： ➢ 编写关于软件系统的文档（如技术文档、用户文档） ➢ 使客户及时了解系统进展情况 ➢ 确定所开发的系统符合最初的要求并获得用户的签收 个人应能够使用团队交流技能： ➢ 与他人合作开发所要求的成果 ➢ 善于团队协作，共同解决问题 个人应能够使用项目管理技能： ➢ 对任务进行优先排序，并做出计划 ➢ 分配任务资源	
3. 问题解决、革新和创造性	个人需要知道和理解： ➢ 软件开发中常见问题类型 ➢ 企业组织内部常见问题类型 ➢ 诊断问题的方法 ➢ 行业发展趋势，包括新平台、语言、规则和专业技能 个人应能够使用分析技能： ➢ 整合复杂和多样的信息 ➢ 确定说明中的功能性和非功能性需求 个人应能够使用调查和学习技能： ➢ 获取用户需求（如通过交谈、问卷调查、文档搜索和分析、联合应用设计和观察） ➢ 独立研究遇到的问题 个人应能够使用解决问题技能： ➢ 及时地查出并解决问题 ➢ 熟练地收集和分析信息 ➢ 制订多个可选择的方案，从中选择最佳方案并实现	5

（续上表）

部分	技能标准	权重
4. 分析和设计软件解决方案	个人需要知道和理解： ➢ 确保客户最大利益来开发最佳解决方案的重要性 ➢ 使用系统分析和设计方法的重要性（如统一建模语言） ➢ 采用合适的新技术 ➢ 系统设计最优化的重要性 个人应能够分析系统： ➢ 用例建模和分析 ➢ 结构建模和分析 ➢ 动态建模和分析 ➢ 数据建模工具和技巧 个人应能够设计系统： ➢ 类图、序列图、状态图、活动图 ➢ 面向对象设计和封装 ➢ 关系或对象数据库设计 ➢ 人机互动设计 ➢ 安全和控制设计 ➢ 多层应用设计	30
5. 开发软件解决方案	个人需要知道和理解： ➢ 确保客户最大利益来开发最佳解决方案的重要性 ➢ 使用系统开发方法的重要性 ➢ 考虑所有正常和异常以及异常处理的重要性 ➢ 遵循标准（如编码规范、风格指引、UI 设计、管理目录和文件）的重要性 ➢ 准确与一致的版本控制的重要性 ➢ 使用现有代码作为分析和修改的基础 ➢ 从所提供的工具中选择最合适的开发工具的重要性 个人应能够： ➢ 使用数据库管理系统 SQL Server 来为所需系统创建、存储和管理数据 ➢ 使用最新的 . NET 开发平台 Visual Studio 开发一个基于客户端/服务器架构的软件解决方案 ➢ 评估并集成合适的类库与框架到软件解决方案中构建多层应用 ➢ 为基于 Client－Server 的系统创建一个网络接口	40

（续上表）

部分	技能标准	权重
6. 测试软件解决方案	个人需要知道和理解： ➤ 迅速判定软件应用的常见问题 ➤ 全面测试软件解决方案的重要性 ➤ 对测试进行存档的重要性 个人应能够： ➤ 安排测试活动（如单元测试、容量测试、集成测试、验收测试等） ➤ 设计测试用例，并检查测试结果 ➤ 调试和处理错误 ➤ 生成测试报告	10
7. 编写软件解决方案文档	个人需要知道和理解： ➤ 使用文档全面记录软件解决方案的重要性 个人应能够： ➤ 开发出具有专业品质的用户文档和技术文档	5

9. 任务评分标准

本任务的评分标准如表 2-15 所示。

表 2-15　评分标准

WSSS Section（世界技能大赛标准）		Criteria（标准）					Mark（评分）
		A（系统分析设计）	B（软件开发）	C（开发标准）	D（系统文档）	E（系统展示）	
1	工作组织和管理	3	2				5
2	交流和人际交往技能		5				5
3	问题解决、革新和创造性		5				5
4	分析和设计软件解决方案	22	8				30
5	开发软件解决方案		35	5			40

（续上表）

WSSS Section (世界技能大赛标准)		Criteria（标准）					Mark（评分）
		A（系统分析设计）	B（软件开发）	C（开发标准）	D（系统文档）	E（系统展示）	
6	测试软件解决方案		5		5		10
7	编写软件解决方案文档					5	5
Total（总分）		25	60	5	5	5	100

10．系统分值

本任务的系统分值如表 2－16 所示。

表 2－16　系统分值

Criteria（标准）	Description（描述）	SM（主观评分）	OM（客观评分）	TM（总分）	Mark（评分）
A	系统分析设计		20～35	20～35	20
B	软件开发		45～70	45～70	65
C	开发标准		3～5	3～5	5
D	系统文档		5	3～5	5
E	系统展示	5		5	5
小计		5	95	100	100

11．评分细则

本任务的评分细则如表 2－17 所示。

表 2-17　评分细则

Criteria（标准）	Sub Criteria（子标准）	Sub Criteria Description（子标准描述）	Aspect（方向）	Aspect of Sub Criteria Description（子方向描述）	Mark（评分）	Result（得分结果）
A	A1	需求规格说明书	O1	按风格要求填写需求规格说明书，得2分；需求规格说明书内容详细且直观，得2分	4	
	A2	功能架构图	O1	根据风格要求正确绘制软件功能架构图	2	
			O2	软件功能结构划分详细且合理	2	
	A3	软件界面图	O1	使用 Visio 工具软件绘制出软件主界面	1	
			O2	使用 Visio 工具软件绘制出4个功能界面	4	
			O3	软件主界面美观友好、结构合理	1	
	A4	数据库设计	O1	按要求填写数据字典	2	
			O2	创建正确的数据库名称	1	
			O3	创建至少3张正确的数据表	3	
B	B1	创建项目	O1	创建正确的项目解决方案，解决方案名称符合任务要求	2	
	B2	主界面设计	O1	主界面标题显示正确	0.5	
			O2	主界面包含最大化、最小化、关闭按钮	0.5	
			O3	主界面包含4个功能菜单	2	
			O4	光标移动到对应功能菜单时，有相关功能描述的提示	1	
			O5	主界面有动态时间显示	1	
			O6	主界面有关闭提示，得1分；实现关闭提示对话框功能，得1分	2	
			O7	主界面使用了自定义的应用程序图标	0.5	
			O8	主界面有软件名称相关信息显示，如"欢迎使用 QNS 系统"	0.5	

（续上表）

Criteria（标准）	Sub Criteria（子标准）	Sub Criteria Description（子标准描述）	Aspect（方向）	Aspect of Sub Criteria Description（子方向描述）	Mark（评分）	Result（得分结果）
B	B3	问题录入功能实现	O1	窗体命名正确，标题显示正确	0.5	
			O2	包含3个功能按钮、1个文本框、1个下拉框	1	
			O3	包含网格控件，并且网格列标题显示正确、属性设置正确	1	
			O4	"问题资料信息"窗体各控件布局合理，功能明确	1	
			O5	实现主界面与"问题资料信息"界面之间的切换	1	
			O6	网格数据显示正确	1	
			O7	问题代号按格式自动生成	1	
			O8	实现网格点击事件	1	
			O9	实现"问题资料信息"窗体"删除"按钮事件	1	
			O10	实现"问题资料信息"窗体"保存"按钮事件	1	
			O11	实现"问题资料信息"窗体"新增"按钮事件	1	
			O12	实现"问题资料信息"窗体网格双击事件	0.5	
			O13	"问题选项信息"窗体命名正确，并且标题显示正确	0.5	
			O14	"问题选项信息"窗体包含3个功能按钮和2个文本框	0.5	
			O15	"问题选项信息"窗体有显示问题代号和问题描述的文本标签	0.5	
			O16	"问题选项信息"窗体网格显示正确	0.5	
			O17	实现"问题选项信息"窗体"新增"按钮事件	1	
			O18	实现"问题选项信息"窗体"保存"按钮事件	1	
			O19	实现"问题选项信息"窗体"删除"按钮事件	1	

（续上表）

Criteria（标准）	Sub Criteria（子标准）	Sub Criteria Description（子标准描述）	Aspect（方向）	Aspect of Sub Criteria Description（子方向描述）	Mark（评分）	Result（得分结果）
B	B4	数据导入	O1	使用问题录入模块功能，按要求正确录入数据到数据表	2	
	B5	调查问卷创建与发布	O1	"调查问卷创建与发布"窗体命名正确，标题显示正确	0.5	
			O2	"调查问卷创建与发布"窗体包含4个功能按钮，少1个扣0.25分	1	
			O3	"调查问卷创建与发布"窗体包含4个文本框，少1个扣0.25分	1	
			O4	"调查问卷创建与发布"窗体网格布局合理，列标题显示正确	1	
			O5	实现主界面与"调查问卷创建与发布"界面之间的切换	0.5	
			O6	"调查问卷创建与发布"窗体网格数据获取正确	0.5	
			O7	实现"调查问卷创建与发布"窗体"保存"按钮事件	1	
			O8	实现"调查问卷创建与发布"窗体"删除"按钮事件	1	
			O9	实现"调查问卷创建与发布"窗体"发布"按钮事件	1	
			O10	实现"调查问卷创建与发布"窗体"收回"按钮事件	1	
			O11	实现"调查问卷创建与发布"窗体网格双击功能	0.5	

（续上表）

Criteria （标准）	Sub Criteria （子标准）	Sub Criteria Description （子标准描述）	Aspect （方向）	Aspect of Sub Criteria Description （子方向描述）	Mark （评分）	Result （得分 结果）
B	B6	问卷明细	O1	窗体命名、标题显示正确	0.5	
			O2	问卷代号、问卷名称文本标签信息显示正确	0.5	
			O3	包含 3 个功能按钮和 4 个文本框，并且布局合理、描述正确	1	
			O4	数据网格布局合理，列标题显示正确	0.5	
			O5	实现"问卷明细信息"界面与"调查问卷创建与发布"界面之间的切换	0.5	
			O6	下拉框数据绑定正确	0.5	
			O7	实现下拉框选择功能	0.5	
			O8	实现"问卷明细信息"窗体"添加"按钮事件	1	
			O9	实现"问卷明细信息"窗体"修改"按钮事件	1	
			O10	实现"问卷明细信息"窗体"删除"按钮事件	1	
	B7	问卷调查	O1	"问卷选择"窗体命名、标题显示正确	0.5	
			O2	"问卷选择"窗体包含 2 个按钮和 1 个下拉框，并且描述正确、布局合理	0.5	
			O3	"问卷选择"窗体下拉框数据绑定正确，得 0.5 分；属性设置正确，得 0.5 分	1	
			O4	实现"问卷选择"窗体"离开"按钮事件	1	
			O5	实现"问卷选择"窗体"进入"按钮事件	1	

（续上表）

Criteria （标准）	Sub Criteria （子标准）	Sub Criteria Description （子标准描述）	Aspect （方向）	Aspect of Sub Criteria Description （子方向描述）	Mark （评分）	Result （得分结果）
B	B7	问卷调查	O6	"问卷调查"窗体命名、标题显示正确	0.5	
			O7	实现"问卷调查"窗体参与者ID功能	1	
			O8	"问卷调查"窗体问卷名称显示正确	0.5	
			O9	"问卷调查"窗体问题信息显示正确	1	
			O10	"问卷调查"窗体选项信息显示正确，得1分；控件生成正确，得1分	1	
			O11	进度条显示功能正确	1	
			O12	实现"下一题"按钮事件	2	
	B8	调查统计	O1	窗体命名、标题显示正确	0.5	
			O2	动态时间显示正确	0.5	
			O3	窗体包含有1个下拉框、3个单选控件和1个信息显示控件	0.5	
			O4	实现"调查统计"界面与主界面之间的切换	0.5	
			O5	下拉框数据绑定正确	1	
			O6	实现下拉框选择功能	1	
			O7	实现数据统计功能	2	
			O8	实现柱形图选择功能	2	
			O9	实现饼图选择功能	2	
C	C1	开发标准	O1	每个程序都必须显示正确的程序标题。少一个扣0.1分，扣完为止	1	
			O2	界面信息描述正确。每个错误扣0.1分，扣完为止	1	
			O3	标题字体为四号加粗宋体，正文字体为五号宋体。每个错误扣0.1分，扣完为止	1	
			O4	页面布局须直观、清晰。发现页面控件没对齐、溢出、看不清等，每处扣0.1分，扣完为止	2	

（续上表）

Criteria （标准）	Sub Criteria （子标准）	Sub Criteria Description （子标准描述）	Aspect （方向）	Aspect of Sub Criteria Description （子方向描述）	Mark （评分）	Result （得分结果）
D	D1	系统文档	O1	测试文档	0.5	
			O2	测试数据和结果正确。每个错误扣0.2分，扣完为止	1	
			O3	提交操作手册	0.5	
			O4	操作手册中有正确的描述功能、合适的图片和完整的操作指南，得2分；采购有流程说明，得1分。每个错误扣0.2分，扣完为止	3	
E	E1	PPT 制作与展示	S1	展示出所开发的系统的所有部分。使用截屏并确保展示能够流畅地表现出部分之间的衔接，确保演示文稿是专业的、完整的（包括母版，有切换效果、动画效果、链接），要有良好的语言表达能力和演示方式，注重礼仪，有一定的演讲技巧	5	

四、工作任务三：企业管理留言系统开发

1. 任务背景

在信息技术快速发展的今天，网站已经成为大多数企业的主要营销手段之一，是必不可少的企业名片。企业通过网站来发布自己的产品、服务、技术及资讯等，或者利用网站来提供相关的网络服务，使对应的客户群体通过网页浏览器来访问网站，快速便捷地获取自己需要的资讯或者享受网络服务。许多企业为了能够更好地做好网站优化，投入不少财力和精力。网站除了企业简介、产品介绍、联系信息等模块，通常还有一个模块是在线留言系统（Online Message System，OMS），它是网站与访客之间进行交流的主要手段之一。一个设计合理、界面优美的在线留言系统能从侧面体现网站良好的服务，给来访用户留下美好的印象，增强用户对网站的信心。

2. 任务介绍

丰沃科技公司是一家集软件开发、设备研发、人才培训及教学实训建设于一体的高新技术软件企业，是国内领先的实验、实训教学与教育信息化解决方案供应商，长期致力于物流信息化技术研发、中高职院校物流与工业工程实验室的专业建设。丰沃科技公司专注于中国内地市场，在内地拥有近百家以营销与服务为主的分支机构和2 000余家咨询、技术、实施服务、分销等方面的合作伙伴。随着互联网应用向多元化方向发展，丰沃科技公司意识到互联网越来越深刻地改变着人们的学习、工作及生活方式，甚至影响着整个社会进程。为此，丰沃科技公司希望在其网站上增加在线留言系统功能，通过在互联网上建立自己的品牌形象，发挥最大的品牌效益。同时以在客户和潜在客户之间通过信息相互影响的方式，展现公司品牌的吸引力。

网络和其他媒体的不同就在于交互性。交互性具有分析各种问题并给出对策的能力，客户和潜在顾客之间通过信息相互影响。访问者在留言板上留言，本身是一个创造内容的过程。留言越多，网站内容越丰富。新的访问者一看留言板，发现留言很多，第一反应就是这个网站很活跃，用户参与度高，该产品应该很受欢迎，产品本身可能比较可靠。新的访问者通过翻阅和查找别人的留言，可以解决自己的很多困惑，减少一些重复的询问，这也是一种降低沟通成本的好办法。

在线留言系统是一个启发和丰富网站内容的工具。对于企业来说，可以从网站的留言中发现自己产品或者服务的问题，也可以收集改进建议。这些问题或者建议既可丰富企业网站内容，亦可自然地引导客户购买产品，并为客户提供合理的组合建议。一般来说，如果解答问题很专业，这时候潜在客户很容易受引导而产生购买行为，这也是促进销售的一种具体手段。潜在客户在留言过程中，有时候也会对企业产品或服务提一些建议，而这些建议可能是企业在运营过程中疏忽了的，客户提醒了企业，企业就能迅速地意识到问题所在，在最短的时间内加以改进，从而明显地改进用户体验和提高销售额。

3. 任务要求

（1）尝试使用互联网上著名企业的在线留言系统，并参考该软件进行功能设计。

（2）根据教学要求，开发出适合管理软件的界面风格。

（3）使用开发工具完成留言系统的相关界面及功能开发。

（4）实现在线留言系统的基本功能。

（5）掌握必要的业务知识。

（6）完成软件开发所需的相关文档。

（7）按任务成果清单要求命名文件或文件夹。

4. 任务成果清单

所有文件保存在 OMS_×× 文件夹，×× 为你的学号，如表 2-18 所示。

表 2-18　任务成果清单

序号	内容	命名	备注
1	在线留言系统需求规格说明书	OMS_Specification_××.docx	×× 为你的学号
2	在线留言系统功能架构图	OMS_FunctionDiagram_××.vsdx	×× 为你的学号
3	在线留言系统主界面图	OMS_UI_××.vsdx	×× 为你的学号
4	在线留言系统详细设计说明书	OMS_DetailedDesign.docx	×× 为你的学号
5	在线留言系统数据字典	OMS_DD_××.docx	×× 为你的学号
6	在线留言系统数据库完整备份文件	OMS_××.bak	×× 为你的学号
7	在线留言系统程序	OMS_××.exe	提交可执行文件，×× 为你的学号
8	在线留言系统源代码	OMS_××	提交源代码文件夹 ×× 为你的学号
9	在线留言系统软件测试报告	OMS_TestReport_××.docx	×× 为你的学号
10	在线留言系统操作手册	OMS_OperationManual_××.docx	×× 为你的学号

5. 知识和技能要求

在完成此任务之前，需要掌握软件开发的基本知识，具备一定的软件开发技能，如表 2-19 所示。

表 2-19　知识和技能要求

序号	知识	参考资料	技能
1	数据库访问技术	《C#入门经典（第7版）》第20章"LINQ"、第21章"数据库"	能够开发基于 SQL 数据库的商务管理软件
2	SQL 数据库含义；数据表、字段及数据类型	《SQL Server 从入门到精通》第7章"T-SQL 概述"、第8章"SQL 数据语言操作"、第9章"SQL 数据查询"	了解微软 SQL 数据库；了解 SQL 数据库数据类型；掌握数据表基本创建、修改和删除
3	留言系统业务逻辑	网上查看相关业务知识及案例；相关教师辅导	开发出适合企业的在线留言系统
4	应用程序控件	《C#入门经典（第7版）》第14章"基本桌面编程"、第15章"高级桌面编程"	根据业务需求，设计出友好的系统界面

（续上表）

序号	知识	参考资料	技能
5	通过程序功能操作数据库	《C#入门经典（第7版）》第21章"数据库"；《SQL Server从入门到精通》第10章"存储过程和触发器"	能够通过程序操作对应的数据库
6	文档编写	GB/T 16680—2015：系统与软件工程 用户文档的管理者要求	能够编写符合格式的用户文档

6. 任务内容

6.1 编写软件需求规格说明书（Write Software Requirements Specification）

根据任务背景介绍，以你对在线留言系统的需求的理解，并结合任课教师的要求，编写在线留言系统的需求规格说明书。

在此阶段，需要运用所学的知识及经验，根据任课教师所提供的软件需求规格说明书格式模板进行填写。所编写的需求规格说明书必须遵循以下要求：

（1）必须符合国家标准 GB856T—88 的软件需求规格说明书格式要求。

（2）文件名称必须按照成果清单的要求命名。

（3）必须根据用户功能需求填写在线留言系统需求规格说明书。

此阶段完成后，需要将成果文件（在线留言系统需求规格说明书）保存为 OMS_Specification_××.docx，并存放到指定的位置，其中××为你的学号。

6.2 绘制软件功能架构图（Draw Function Diagram）

在此阶段，需要熟悉任务需求和任课教师的要求，使用 Visio 工具软件绘制出在线留言系统的整体功能架构图。软件功能架构图绘制必须遵循以下要求：

（1）功能架构图应该直观体现系统功能模块。

（2）功能架构图应该明确体现系统内部逻辑关系。

（3）必须使用 Visio 工具软件绘制。

此阶段完成后，需要将成果文件（在线留言系统功能架构图）保存为 OMS_FunctionDiagram_××.vsdx，并存放到指定的位置，其中××为你的学号。

6.3 应用程序界面设计（Interface Design of Program）

在此阶段，需要根据在线留言系统功能架构图，以及对在线留言系统需求的理解，设计出在线留言系统的相关操作界面。界面设计可以参考图 2 - 180 所示的界面，或者根据自己的设计思路完成。

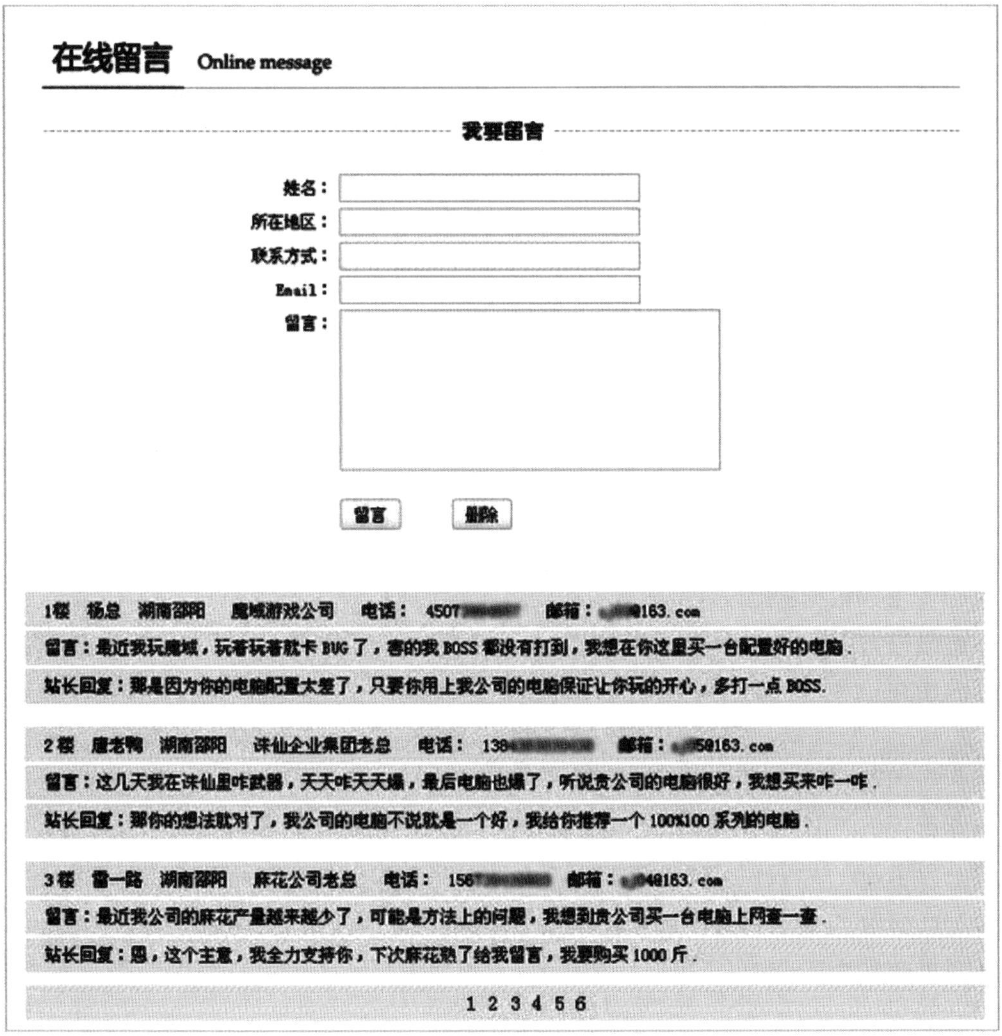

图 2-180 在线留言系统界面设计参考

设计必须遵循以下要求：

（1）界面设计必须使用 Visio 工具软件完成。

（2）所设计的界面必须美观友好且布局合理。

（3）至少应该包含在线留言界面、回复留言界面及留言管理界面。

（4）应该有统一的入口界面，即主界面。

（5）主界面各功能应清晰明确。

（6）主界面应该包含简要的帮助提示信息。

（7）主界面应该有动态的当前时间信息。

（8）主界面标题栏应该显示"在线留言系统"等字样。

（9）主界面应有最大化、最小化及关闭三个功能按钮。

此阶段完成后，需要将成果文件 OMS_UI_××.vsdx 保存到指定的存放位置，××为你的学号。一般情况下，不需要保留界面设计图的原稿文件，但保留设计图原稿文件是非常有用的。

6.4　编写详细设计说明书（Write Detailed Design Instructions）

在此阶段，需要根据任务背景介绍，以及对在线留言系统需求的理解，并结合任课教师的要求，编写在线留言系统详细设计说明书。

编写在线留言系统详细设计说明书时，需要运用所学的知识及经验，根据任课教师所提供的软件详细设计说明书格式模板进行填写。所编写的在线留言系统详细设计说明书必须遵循以下要求：

（1）必须符合国家标准 GB8567—88 的软件详细设计说明书格式要求。

（2）文件名称必须按照成果清单的要求命名。

（3）必须根据功能设计需求填写在线留言系统详细设计说明书。

此阶段完成后，需要将成果文件（在线留言系统详细设计说明书）保存为 OMS_DetailedDesign_××.docx，并存放到指定的位置，其中××为你的学号。

6.5　设计系统数据库（Database Design）

根据提供的用例图（如图 2-181 所示），运用所学的知识及经验，完善并设计出符合客户要求的在线留言系统数据库。任务要求根据给出的数据字典格式（如表 2-20 至表 2-22 所示），完善数据库设计并编写数据库字典。可以使用已经提供的表信息作为系统相关的数据库表，也可以根据系统业务需求增加字段或者重新设计所需的数据库表。

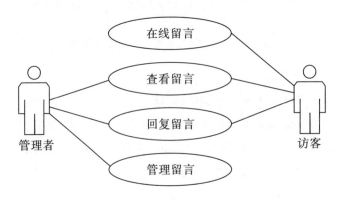

图 2-181　在线留言系统用例图

表2-20 用户信息表

UserInfo（用户信息表）						
FIELD NAME	DATA TYPE	FIELD SIZE	PK/FK	NOT NULL	FIELD DESCRIPTION	NOTES
Uid	NVARCHAR	10	PK	Y	用户代号	主键
UserName	NVARCHAR	20		Y	用户名称	
Pwd	NVARCHAR	10		Y	用户密码	
Remark	NVARCHAR	200		N	备注说明	

表2-21 留言信息表

MessageQ（留言信息表）						
FIELD NAME	DATA TYPE	FIELD SIZE	PK/FK	NOT NULL	FIELD DESCRIPTION	NOTES
MessageId	NVARCHAR	10	PK	Y	留言编号	主键唯一
SortId	INT			Y	排序ID	标识自增
MessageName	NVARCHAR	100		Y	留言者姓名	
MessageGender	NVARCHAR	1		Y	留言者性别	只能是 M 或 F
MessageTel	NVARCHAR	20		Y	留言者电话	
MessageMail	NVARCHAR	30			留言者邮箱	
MessageContent	NVARCHAR	500		Y	留言内容	
MessageTime	NVARCHAR	20		Y	留言时间	格式：yyyy-mm-dd hh:mm:ss

表2-22 回复信息表

MessageR（留言回复表）						
FIELD NAME	DATA TYPE	FIELD SIZE	PK/FK	NOT NULL	FIELD DESCRIPTION	NOTES
MessageId	NVARCHAR	10	PK	Y	留言编号	主键
ReplyTime	NVARCHAR	20		Y	回复时间	格式：yyyy-mm-dd hh:mm:ss
ReplyUid	NVARCHAR	10	PK	Y	回复人ID	外键
ReplyContent	NVARCHAR	500		Y	回复内容	

此阶段完成后，需要将成果文件（数据字典文件）保存为 OMS_DD_××.docx，其中××为你的学号。

6.6 创建数据库（Create Database）

在已经提供的 Database Server 上，使用数据库管理工具 SQL Server 来创建一个数据库。数据库名称规则为 OMS_××，其中××为你的学号。不需要为数据库提供一个 SQL Script，但是保留一个作为备份是很有用的。

在此阶段，需要根据所编写的数据字典来创建数据表。所创建的数据表必须遵循以下要求：

（1）所有字段的规范性。

（2）功能的扩张可自行增加字段，但必须与数据字典保持一致。

（3）理解并掌握外键的意义和用途，并根据外键创建视图。视图命名必须规范。

vw_Table Name（vw_表名，表名是主表的名称），如表名 questionnaire 对应的视图名称应该为 vw_questionnaire。

此阶段完成后，需要将成果文件（数据库文件）进行备份，并将备份文件命名为 OMS_××.bak，同时提交到指定存放位置，其中××为你的学号。

6.7 创建解决方案并设计主界面（Create Solutions and Design Main Interface）

在此阶段，将进入正式的开发阶段，因此需要使用 Visual Studio 开发平台为在线留言系统创建一个项目解决方案文件。所创建的项目及解决方案必须遵循以下要求：

（1）项目及解决方案名称为 OMS_××，其中××为你的学号，如图 2 – 182 所示。

（2）项目模板必须是 Visual C#模板，如图 2 – 182 所示。

（3）所创建的项目必须为 Windows 窗体应用程序，如图 2 – 182 所示。

（4）按默认位置存放当前项目文件。

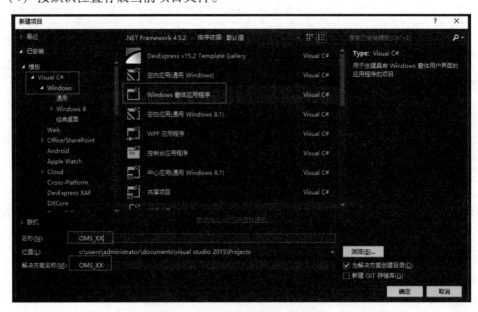

图 2 – 182　Visual Studio 项目创建

项目正确创建后，则可根据详细设计说明书和应用程序界面设计图，完成应用程序主界面设计。应用程序主界面设计必须遵循以下要求：

（1）主界面标题栏应该显示"OMS 企业在线留言系统"字样，如图 2-183 所示。

（2）主界面应为固定大小界面，即界面没有最大化及最小化按钮，如图 2-183 所示。

（3）主界面应有对应功能菜单或者按钮，如图 2-183 所示。

（4）主界面应有相关操作信息提示，如图 2-183 所示。

（5）当主界面打开时，应根据数据库配置文件检测数据库连接；当尝试连接数据库失败时，应给予提示，如图 2-184 所示。

（6）数据库配置文件应该是名称为 OMS_××.exe.config 的 XML 文件类型，并且文件内容包含但不限于数据库服务器名称、数据库名称、数据库登录用户名及数据库登录密码，如图 2-185 所示。

（7）为了美观，主界面的窗体标题栏应该使用自定义的图标信息，而非系统默认图标，如图 2-186 所示。

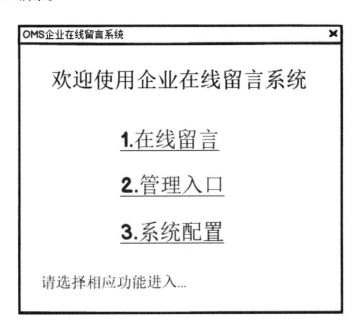

图 2-183 主界面显示

图 2-184　数据库连接失败提示

```xml
<?xml version="1.0" encoding="utf-8" ?>
<configuration>
    <appSettings>
        <add key="DataBase" value="sky-ims"/>
        <add key="DBType" value="SQLSERVER"/>
        <add key="Server" value="."/>
        <add key="Username" value="sa"/>
        <add key="Password" value="00000"/>
    </appSettings>
</configuration>
```

图 2-185　系统数据库配置文件样式

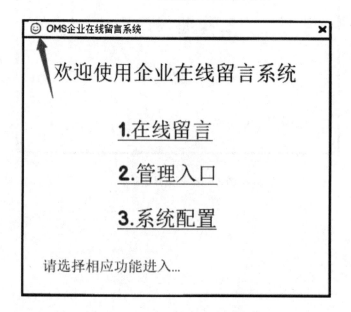

图 2-186　主界面标题、图标显示

此阶段完成后，Visual Studio 工具软件将在你所在计算机指定目录生成项目文件，目录如 c：\users\administrator\documents\visual studio 2015\Projects。你需要知道项目文件的存放位置，以便后续开发时能及时找到文件，定期对项目文件进行复制备份也是非常重要且有用的。

6.8　系统配置功能实现（System Setting）

在此阶段，需要设计出系统配置的用户界面，并按以下要求实现其功能。

（1）界面设计。

①系统配置界面标题应该显示"系统数据库访问设置"字样，如图 2 – 187 所示。

②界面至少包含服务器名称、数据库名称、登录名称和登录密码等用于描述相关功能信息的 label 控件，如图 2 – 187 所示。

③界面至少包含用以输入服务器名称、数据库名称、登录名称和登录密码的文本输入框控件，如图 2 – 187 所示。

④界面至少包含一个用于保存输入的功能按钮和一个"退出"按钮，如图 2 – 187 所示。

⑤界面应包含必要的功能操作提示信息，如图 2 – 187 所示。

⑥此功能界面应该通过点击主界面的"3. 系统配置"功能菜单进入，如图 2 – 188 所示。

⑦当打开此功能界面时，主界面应该是不可见的。

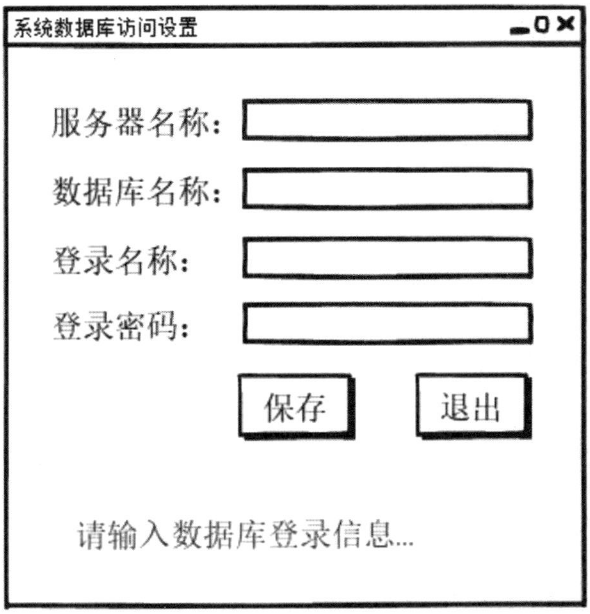

图 2 – 187　系统配置界面

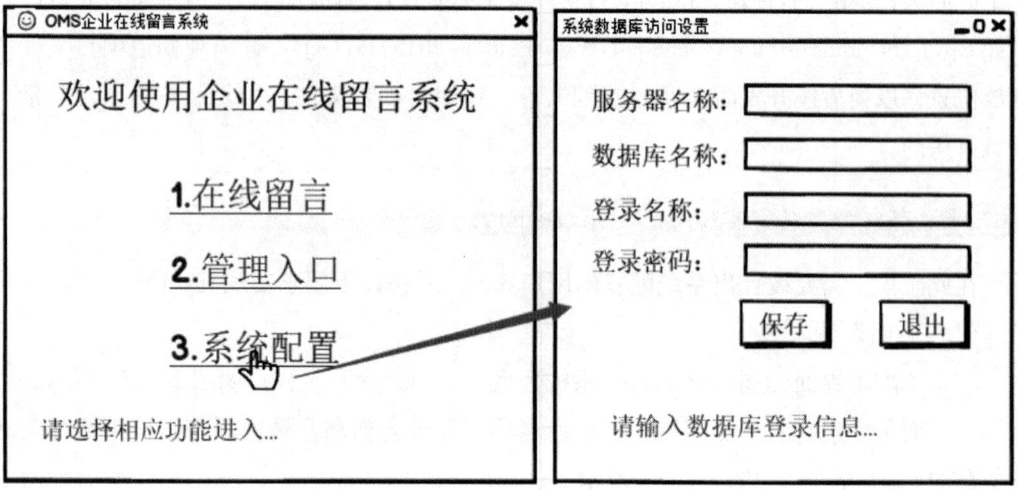

图 2 - 188　界面切换

（2）功能实现。

系统配置界面要求实现如下功能：

①实现数据库配置文件信息读取功能，即当进入该功能界面时，应将数据库配置信息读取到对应的文本输入框上，如图 2 - 189 所示。

②实现"保存"按钮事件，当部分信息输入不完全时，点击"保存"按钮会提示相关的错误信息，输入信息不被保存，并且输入焦点处于对应的文本框，如图 2 - 190、图 2 - 191 所示。

③实现"保存"按钮事件，当信息输入完整时，点击"保存"按钮，将所输入的文本信息保存到数据库配置文件 OMS_× ×. exe. config 对应的节点，并提示用户保存成功，如图 2 - 192 所示。

④实现"退出"按钮事件，当点击"退出"按钮时，应先询问用户是否退出系统，如图 2 - 193 所示。当且仅当用户选择"是"时，才真正退出系统，否则不退出，如图 2 - 194 所示。

图 2 - 189 读取并显示数据库配置信息

图 2 - 190 数据库名称未输入时的提示

图 2 - 191　数据库登录名称未输入时的提示

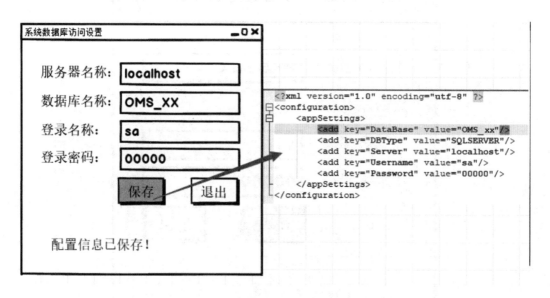

图 2 - 192　配置信息保存到对应文件

图 2-193　退出询问

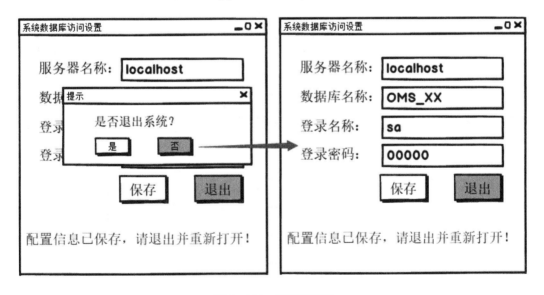

图 2-194　不退出系统

　　此阶段完成后，需要保存设计的项目文件，以便下次可以在此基础上继续使用和完善项目功能。

6.9 在线留言功能实现（Online Message）

在此阶段，需要设计出在线留言的用户界面，并按要求实现其功能。

（1）界面设计。

①"在线留言"界面应包含必要的标题显示，如图 2 – 195 所示。

②界面至少包含用于显示问题列表的网格控件，并且控件内容至少包含留言内容、时间及留言者等相关信息，如图 2 – 195 所示。

③界面应包含必要的提示信息，如图 2 – 195 所示。

④界面至少包含一个用于显示留言行数的下拉框，如图 2 – 195 所示。

⑤界面至少包含一个用于输入查找内容的文本框，如图 2 – 195 所示。

⑥界面至少包含一个用于用户留言的功能按钮或相关文本框信息，如图 2 – 195 所示。

⑦此功能界面应该通过点击主界面的"1．在线留言"功能菜单进入，如图 2 – 196 所示。

⑧当打开此功能界面时，主界面应该是不可见的。

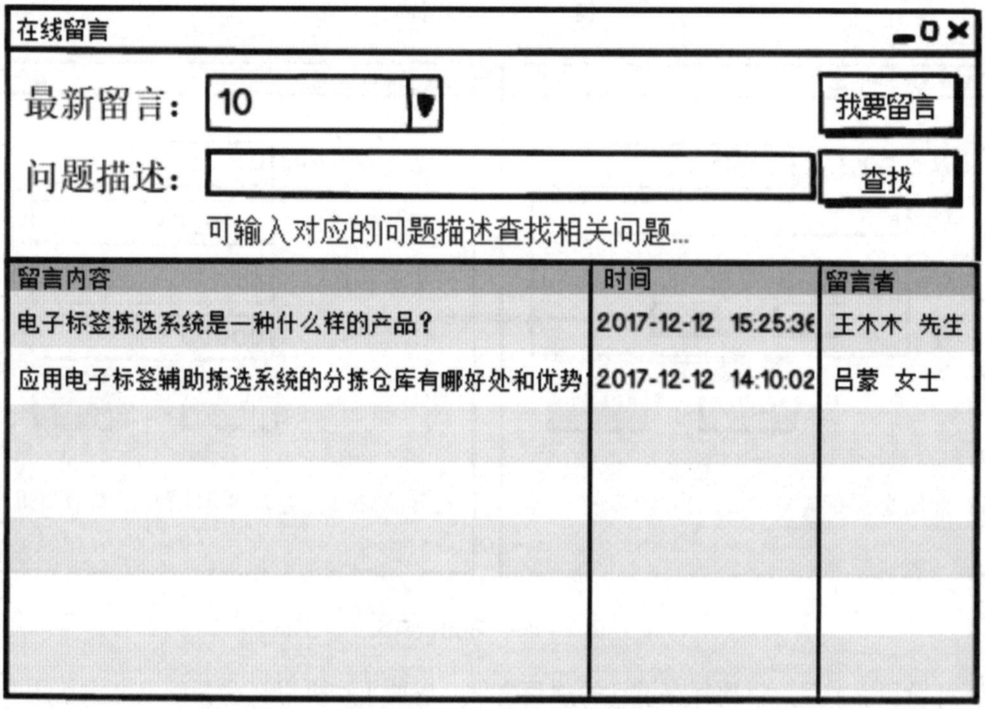

图 2 – 195 "在线留言"界面

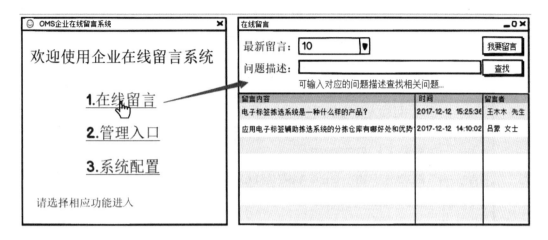

图 2 - 196　界面切换

（2）功能实现。

系统配置界面要求实现如下功能：

①实现数据信息读取功能，即当进入该功能界面时，应将对应数据表的问题信息读取显示到网格控件，并且只显示最近 10 条记录，按发表时间倒序排列，如图 2 - 197 所示。

②实现最新留言下拉框功能，当用户点击下拉框并选择对应的选项时，网格内容随之改变，如图 2 - 198、图 2 - 199 所示。

③下拉框选择项是固定的，包含 5、10、20、50、100 和所有，分别表示查找记录数量，如图 2 - 200 所示。

④实现"问题描述"文本框查找功能，输入相关内容，点击"查找"按钮后，能够查找相关内容留言，并显示记录数量，如图 2 - 201 所示。

⑤实现网格内容点击功能，当用户点击对应的记录时，能够显示出该留言的相关信息及回复信息，如图 2 - 202 所示。当点击其他地方时，则关闭显示信息。

⑥实现"我要留言"按钮功能，当用户点击"我要留言"按钮时，能够弹出对应的留言信息输入界面，如图 2 - 203 所示。

⑦留言信息输入界面必须包含留言者姓名、性别、留言内容等必要的信息输入，如图 2 - 203 所示。

⑧实现留言信息提交功能，在用户输入留言信息并点击"提交"按钮后，能够将对应的留言信息保存到数据库表。保存信息时，应将性别替代字符保存到对应的字段。比如选择"先生"，对应数字字段应该是 M，选择"女士"则保存 F，如图 2 - 204 所示。

⑨实现"×"（关闭）按钮功能，当点击界面右上角的关闭按钮时，能够询问用户是否退出系统，如图 2 - 205 所示。

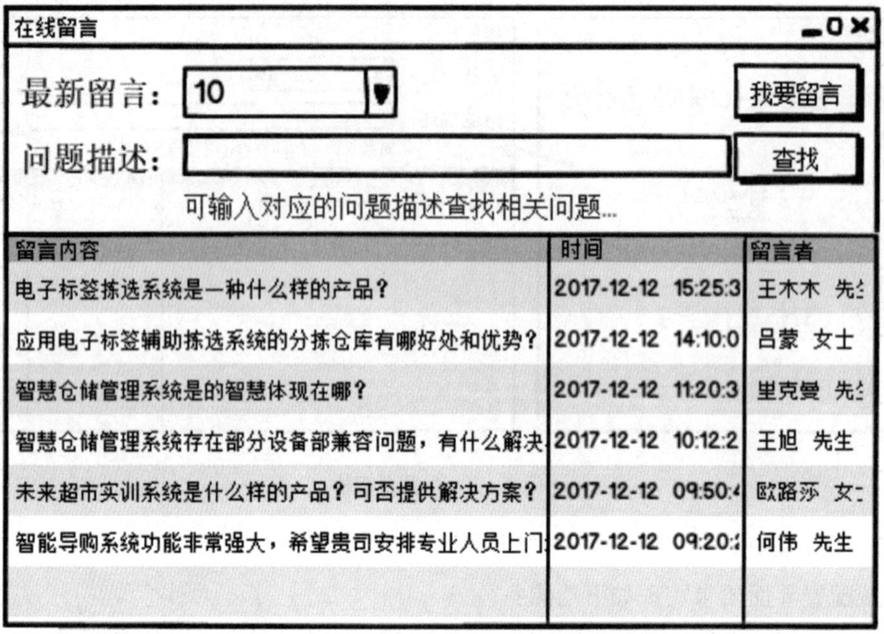

在线留言		_ □ ✕
最新留言: 10 ▼		我要留言
问题描述:		查找
可输入对应的问题描述查找相关问题...		

留言内容	时间	留言者
电子标签拣选系统是一种什么样的产品?	2017-12-12 15:25:3	王木木 先:
应用电子标签辅助拣选系统的分拣仓库有哪好处和优势?	2017-12-12 14:10:0	吕蒙 女士
智慧仓储管理系统是的智慧体现在哪?	2017-12-12 11:20:3	里克曼 先:
智慧仓储管理系统存在部分设备部兼容问题,有什么解决	2017-12-12 10:12:2	王旭 先生
未来超市实训系统是什么样的产品?可否提供解决方案?	2017-12-12 09:50:4	欧路莎 女:
智能导购系统功能非常强大,希望贵司安排专业人员上门	2017-12-12 09:20:2	何伟 先生

图 2 – 197　默认显示 10 条在线留言信息

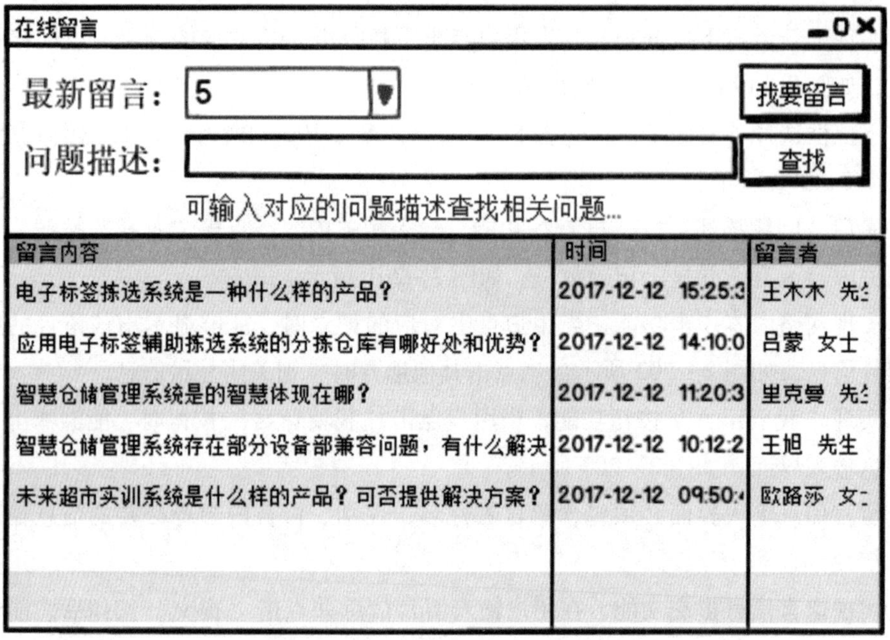

在线留言		_ □ ✕
最新留言: 5 ▼		我要留言
问题描述:		查找
可输入对应的问题描述查找相关问题...		

留言内容	时间	留言者
电子标签拣选系统是一种什么样的产品?	2017-12-12 15:25:3	王木木 先:
应用电子标签辅助拣选系统的分拣仓库有哪好处和优势?	2017-12-12 14:10:0	吕蒙 女士
智慧仓储管理系统是的智慧体现在哪?	2017-12-12 11:20:3	里克曼 先:
智慧仓储管理系统存在部分设备部兼容问题,有什么解决	2017-12-12 10:12:2	王旭 先生
未来超市实训系统是什么样的产品?可否提供解决方案?	2017-12-12 09:50:4	欧路莎 女:

图 2 – 198　下拉框选择后显示内容

在线留言		_ □ ✕
最新留言：　[10 ▼]		[我要留言]
问题描述：　[　　　　　　　　　　　　　　]		[查找]
可输入对应的问题描述查找相关问题…		

留言内容	时间	留言者
电子标签拣选系统是一种什么样的产品？	2017-12-12　15:25:3	王木木　先⽣
应用电子标签辅助拣选系统的分拣仓库有哪好处和优势？	2017-12-12　14:10:0	吕蒙　女士
智慧仓储管理系统是的智慧体现在哪？	2017-12-12　11:20:3	里克曼　先⽣
智慧仓储管理系统存在部分设备部兼容问题，有什么解决	2017-12-12　10:12:2	王旭　先生
未来超市实训系统是什么样的产品？可否提供解决方案？	2017-12-12　09:50:4	欧路莎　女⼠
智能导购系统功能非常强大，希望贵司安排专业人员上门	2017-12-12　09:20:2	何伟　先生

图 2 - 199　下拉框选择后显示内容

在线留言		_ □ ✕
最新留言：　[10　　　▼]		[我要留言]
问题描述：　[5 20 50 100 所有] 描述查找相关问题…		[查找]

留言内容	时间	留言者
电子标签拣选系统	2017-12-12　15:25:3	王木木　先⽣
应用电子标签辅助拣选系统的分拣仓库有哪好处和优势？	2017-12-12　14:10:0	吕蒙　女士
智慧仓储管理系统是的智慧体现在哪？	2017-12-12　11:20:3	里克曼　先⽣
智慧仓储管理系统存在部分设备部兼容问题，有什么解决	2017-12-12　10:12:2	王旭　先生
未来超市实训系统是什么样的产品？可否提供解决方案？	2017-12-12　09:50:4	欧路莎　女⼠
智能导购系统功能非常强大，希望贵司安排专业人员上门	2017-12-12　09:20:2	何伟　先生

图 2 - 200　下拉框选择项

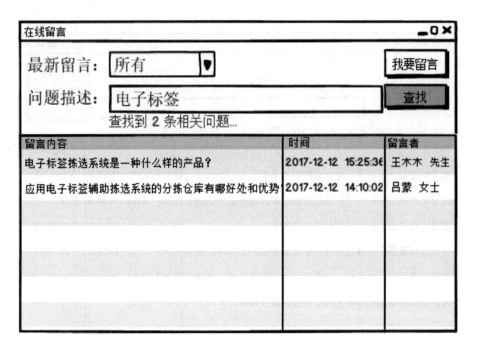

图 2 - 201　问题查找

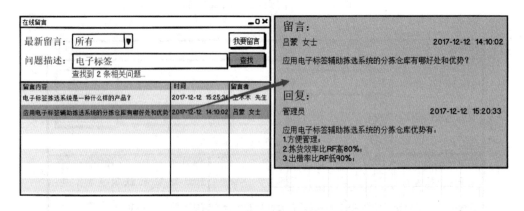

图 2 - 202　网格点击显示

图 2 - 203　"我要留言"界面

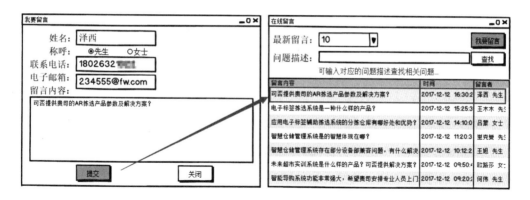

图 2 - 204 提交留言

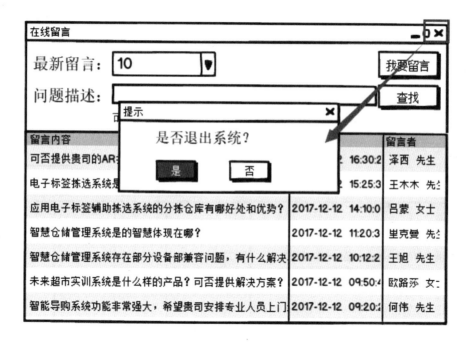

图 2 - 205 关闭界面

此阶段完成后，需要保存设计的项目文件，以便下次可以在此基础上继续使用和完善项目功能。

6.10 留言管理（Reply Message）

在此阶段，需要设计出留言管理的用户界面，并按以下要求实现其功能。

（1）界面设计。

①"留言管理"界面标题应该显示"留言管理"字样，如图2-206所示。

②界面至少包含用于显示登录名称和动态显示留言数量的label控件，如图2-206所示。

③界面至少包含用于回复和删除留言的button控件，如图2-206所示。

④界面至少包含用于显示留言记录的网格控件，如图2-206所示。

⑤界面网格显示至少包含留言内容、时间、留言者、电话、邮箱等信息，并且留言者信息显示要根据性别加上称呼。比如留言者是女性，则显示"××女士"，反之则显示"××先生"，如图2-206所示。

⑥此功能界面应该通过点击主界面的"2. 管理入口"功能菜单进入，如图2-207所示。

⑦当打开此功能界面时，应先验证管理员身份信息，如图2-211所示，只有验证通过才能进入。验证通过后主界面应该是不可见的。

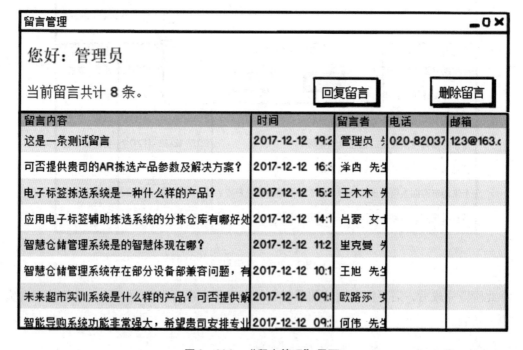

图2-206 "留言管理"界面

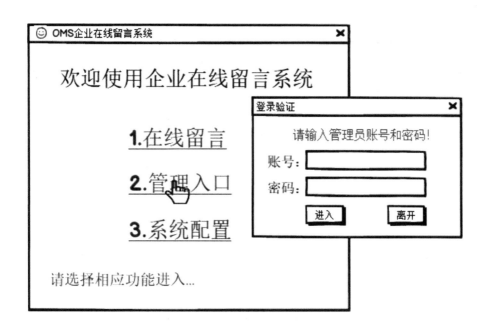

图 2 - 207 管理员身份验证

（2）功能实现。

系统配置界面要求实现如下功能：

①实现管理员登录验证，当没有输入账号或者密码时，点击"进入"按钮时，弹出消息框提示用户相关信息，如图 2 - 208 所示。

②密码输入框不能使用明文显示，必须以星号（＊）或者其他字符代替，如图 2 - 209 所示。

③实现管理员登录验证，用户三次输入校验失败后，系统提示用户错误次数超过上限，然后退出整个应用程序，如图 2 - 209 所示。

④实现管理员登录验证的"离开"按钮事件，当点击"离开"按钮时，返回到主界面，如图 2 - 210 所示。

⑤实现管理员登录验证界面键盘响应事件，即在此界面，按回车键（Enter）时，响应"进入"按钮事件；按退出键（Esc）时，响应"离开"按钮事件。

⑥实现管理员登录验证，用户名和密码验证通过后，进入留言管理主界面，如图 2 - 211 所示。

⑦实现"留言管理"界面的登录用户名称显示功能，即当打开"留言管理"界面时，界面对应的文本信息应显示登录用户名称，而非登录账号，如图 2 - 212 所示。

⑧实现"留言管理"界面的网格内容显示功能，即当打开"留言管理"界面时，默认按留言时间倒序显示所有留言信息，并统计留言信息数量，如图 2 - 213 所示。

⑨实现"留言管理"界面"删除留言"按钮事件,当用户选择网格中某条记录并点击"删除留言"按钮时,提示用户是否删除该留言,如图2－214所示。

⑩当且仅当用户确认删除时,数据才真正被删除,否则不做任何操作。删除后应该实时刷新网格显示数据,如图2－215所示。

⑪实现"留言管理"界面"回复留言"按钮事件,当用户选择网格中某条记录并点击"回复留言"按钮时,打开留言回复界面,如图2－216所示。

⑫实现留言回复功能,当用户输入回复内容并点击"回复"按钮时,将输入内容保存到数据库对应的数据表,如图2－217所示。

⑬实现留言回复界面的"关闭"按钮事件,点击"关闭"按钮时,关闭打开的回复界面。

⑭实现网格双击功能,当选择网格某记录并双击时,弹出回复界面,如图2－218所示。

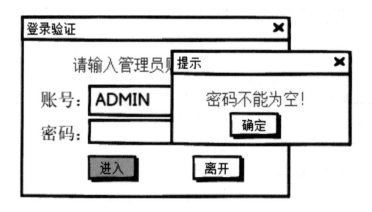

图2－208 验证输入

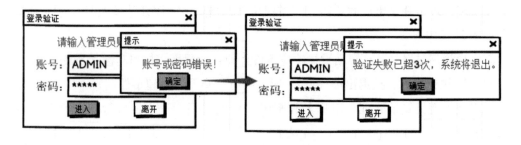

图2－209 错误次数超过三次

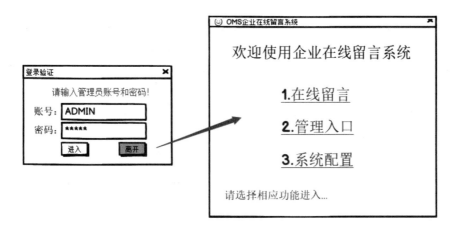

图 2-210 "离开"按钮事件

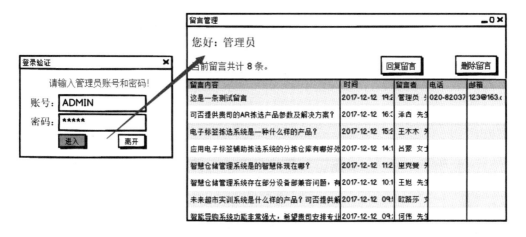

图 2-211 身份验证通过

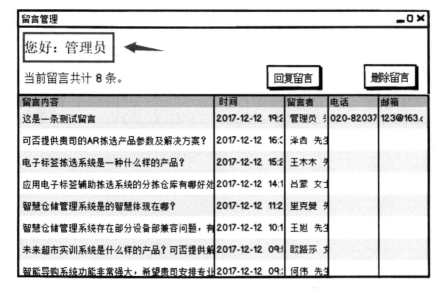

图 2-212 显示登录用户名称

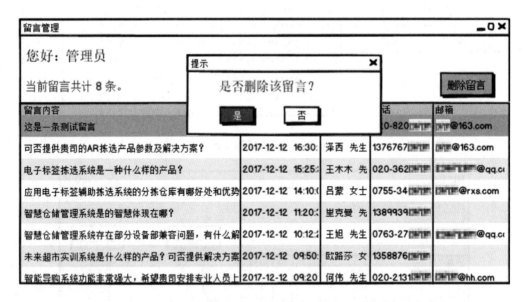

图 2-213　网格内容显示

图 2-214　删除确认

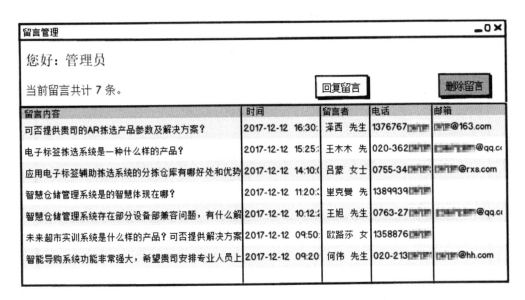

图 2-215 删除后实时刷新网格

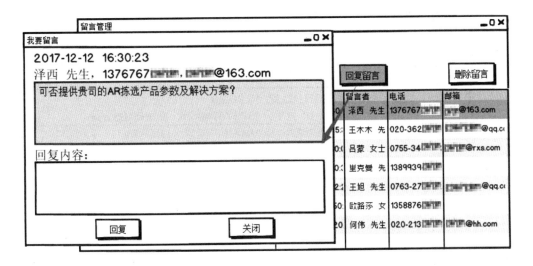

图 2-216 打开回复留言的界面

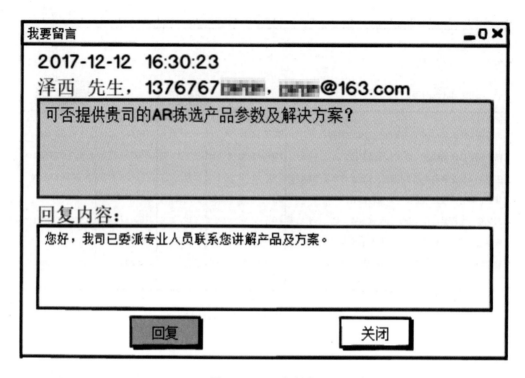

图 2-217　回复留言

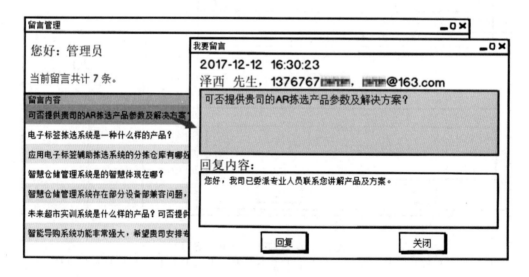

图 2-218　网格双击事件

此阶段完成后，需要保存设计的项目文件，以便下次可以在此基础上继续使用和完善项目功能。

6.11 运行并测试应用程序 （Run and Test the Program）

到此阶段，工作任务三的系统开发阶段已经基本结束。此时需要对所开发的在线留言系统进行测试并填写相应的测试报告。此阶段的任务要求必须满足如下条件：

（1）编译并运行应用程序，将编译生成的可执行文件复制出来运行。

（2）单独运行可执行文件来进行软件测试，而非在调试模式下运行。

（3）测试完成后，根据任课教师提供的模板填写测试报告。

（4）文件名称必须按照成果清单的要求命名。

此阶段完成后，需要将成果文件提交到指定的位置存放，成果文件包含可运行的应用程序 OMS_××.exe、项目源代码文件夹 OMS_×× 以及填写完善后的测试报告 OMS_TestReport_××.docx，其中 ×× 为你的学号。及时备份文件是非常必要且有用的。

6.12 编写用户使用手册 （Write Operation Manual）

到此阶段，工作任务三的系统开发阶段已经结束。此时需要为所开发的在线留言系统编写用户使用手册，以便交付用户使用后，用户能方便快捷地操作软件。编写用户手册必须满足如下条件：

（1）必须符合国家标准 GB8567—88 的用户使用手册格式要求。

（2）文件名称必须按照任务成果清单的要求命名。

（3）必须符合指引要求。

此阶段完成后，需要将成果文件 OMS_OperationManual_××.docx 提交到指定的位置存放，其中 ×× 为你的学号。

7. 任务成果展示

在此阶段，需要制作一个 PPT 展示文档，来向销售对象讲解本产品。

（1）制作 PPT 时，应遵循以下风格及要求：

①标题字号大于或等于 40 磅，正文字号大于 24 磅。

②正文幻灯片的底部显示公司的名称、网址及联系方式。

③公司名称，如"工贸软件科技有限公司"。

④公司网址，如"http://www.gzittc.com"。

⑤公司电话，如"（020）8608××××"。

（2）进行 PPT 展示时，需要做到以下七点：

①展示出所开发系统的所有部分及其特色功能设计与实现。

②展示的内容应该包含系统流程图、实体关系图及用例图等。

③确保演示文稿是专业的、完整的（包括母版，有切换效果、动画效果、链接）。

④使用清晰的语言表达。

⑤演示方式要流畅专业。

⑥必须具有良好的礼仪礼貌。

⑦把握好演讲时间及演讲技巧。

8. 任务评审标准

本任务的评审标准参照技能标准规范（WSSS），如表 2 - 23 所示。

表 2 - 23　评审标准

部分	技能标准	权重
1. 工作组织和管理	个人需要知道和理解： ➢ 团队高效工作的原则与措施 ➢ 系统组织的原则和行为 ➢ 系统的可持续性、策略性、实用性 ➢ 从各种资源中识别、分析和评估信息 个人应能够： ➢ 合理分配时间，制订每日开发计划 ➢ 使用计算机或其他设备以及一系列软件包 ➢ 运用研究技巧和技能，紧跟最新的行业标准 ➢ 检查自己的工作是否符合客户与组织的需求	5
2. 交流和人际交往技能	个人需要知道和理解： ➢ 聆听技能的重要性 ➢ 与客户沟通时，严谨与保密的重要性 ➢ 解决误解和冲突的重要性 ➢ 取得客户信任并与之建立高效工作关系的重要性 ➢ 写作和口头交流技能的重要性	5

（续上表）

部分	技能标准	权重
2. 交流和人际交往技能	个人应能够使用读写技能： ➢ 遵循指导文件中的文本要求 ➢ 理解工作场地说明和其他技术文档 ➢ 与最新的行业准则保持一致 个人应能够使用口头交流技能： ➢ 对系统说明进行讨论并提出建议 ➢ 使客户及时了解系统进展情况 ➢ 与客户协商项目预算和时间表 ➢ 收集和确定客户需求 ➢ 演示推荐的和最终的软件解决方案 个人应能够使用写作技能： ➢ 编写关于软件系统的文档（如技术文档、用户文档） ➢ 使客户及时了解系统进展情况 ➢ 确定所开发的系统符合最初的要求并获得用户的签收 个人应能够使用团队交流技能： ➢ 与他人合作开发所要求的成果 ➢ 善于团队协作，共同解决问题 个人应能够使用项目管理技能： ➢ 对任务进行优先排序，并做出计划 ➢ 分配任务资源	
3. 问题解决、革新和创造性	个人需要知道和理解： ➢ 软件开发中常见问题类型 ➢ 企业组织内部常见问题类型 ➢ 诊断问题的方法 ➢ 行业发展趋势，包括新平台、语言、规则和专业技能	5
	个人应能够使用分析技能： ➢ 整合复杂和多样的信息 ➢ 确定说明中的功能性和非功能性需求 个人应能够使用调查和学习技能： ➢ 获取用户需求（如通过交谈、问卷调查、文档搜索和分析、联合应用设计和观察） ➢ 独立研究遇到的问题 个人应能够使用解决问题技能： ➢ 及时地查出并解决问题 ➢ 熟练地收集和分析信息 ➢ 制订多个可选择的方案，从中选择最佳方案并实现	

（续上表）

部分	技能标准	权重
4. 分析和设计软件解决方案	个人需要知道和理解： ➢ 确保客户最大利益来开发最佳解决方案的重要性 ➢ 使用系统分析和设计方法的重要性（如统一建模语言） ➢ 采用合适的新技术 ➢ 系统设计最优化的重要性 个人应能够分析系统： ➢ 用例建模和分析 ➢ 结构建模和分析 ➢ 动态建模和分析 ➢ 数据建模工具和技巧 个人应能够设计系统： ➢ 类图、序列图、状态图、活动图 ➢ 面向对象设计和封装 ➢ 关系或对象数据库设计 ➢ 人机互动设计 ➢ 安全和控制设计 ➢ 多层应用设计	30
5. 开发软件解决方案	个人需要知道和理解： ➢ 确保客户最大利益来开发最佳解决方案的重要性 ➢ 使用系统开发方法的重要性 ➢ 考虑所有正常和异常以及异常处理的重要性 ➢ 遵循标准（如编码规范、风格指引、UI 设计、管理目录和文件）的重要性 ➢ 准确与一致的版本控制的重要性 ➢ 使用现有代码作为分析和修改的基础 ➢ 从所提供的工具中选择最合适的开发工具的重要性 个人应能够： ➢ 使用数据库管理系统 SQL Server 来为所需系统创建、存储和管理数据 ➢ 使用最新的 . NET 开发平台 Visual Studio 开发一个基于客户端/服务器架构的软件解决方案 ➢ 评估并集成合适的类库与框架到软件解决方案中构建多层应用 ➢ 为基于 Client – Server 的系统创建一个网络接口	40

（续上表）

部分	技能标准	权重
6. 测试软件解决方案	个人需要知道和理解： ➤ 迅速判定软件应用的常见问题 ➤ 全面测试软件解决方案的重要性 ➤ 对测试进行存档的重要性 个人应能够： ➤ 安排测试活动（如单元测试、容量测试、集成测试、验收测试等） ➤ 设计测试用例，并检查测试结果 ➤ 调试和处理错误 ➤ 生成测试报告	10
7. 编写软件解决方案文档	个人需要知道和理解： ➤ 使用文档全面记录软件解决方案的重要性 个人应能够： ➤ 开发出具有专业品质的用户文档和技术文档	5

9. 任务评分标准

本任务的评分标准如表2－24所示。

表2－24　评分标准

WSSS Section （世界技能大赛标准）		Criteria（标准）					Mark （评分）
		A （系统分析设计）	B （软件开发）	C （开发标准）	D （系统文档）	E （系统展示）	
1	工作组织和管理	3	2				5
2	交流和人际交往技能		5				5
3	问题解决、革新和创造性		5				5
4	分析和设计软件解决方案	22	8				30
5	开发软件解决方案		35	5			40

（续上表）

WSSS Section（世界技能大赛标准）		Criteria（标准）					Mark（评分）
		A（系统分析设计）	B（软件开发）	C（开发标准）	D（系统文档）	E（系统展示）	
6	测试软件解决方案		5		5		10
7	编写软件解决方案文档					5	5
Total（总分）		25	60	5	5	5	100

10．系统分值

本任务的系统分值如表 2 - 25 所示。

表 2 - 25　系统分值

Criteria（标准）	Descrition（描述）	SM（主观评分）	OM（客观评分）	TM（总分）	Mark（评分）
A	系统分析设计		20 ~ 35	20 ~ 35	20
B	软件开发		45 ~ 70	45 ~ 70	65
C	开发标准		3 ~ 5	3 ~ 5	5
D	系统文档		5	3 ~ 5	5
E	系统展示	5		5	5
小计		5	95	100	100

11．评分细则

本任务的评分细则如表 2 - 26 所示。

表2-26 评分细则

Criteria（标准）	Sub Criteria（子标准）	Sub Criteria Description（子标准描述）	Aspect（方向）	Aspect of Sub Criteria Description（子方向描述）	Mark（评分）	Result（得分结果）
A	A1	需求规格说明书	O1	按风格要求填写需求规格说明书，得2分；需求规格说明书内容详细且直观，得2分	4	
	A2	功能架构图	O1	根据风格要求正确绘制软件功能架构图	2	
			O2	软件功能结构划分详细且合理	2	
	A3	软件界面图	O1	使用Visio工具软件绘制出软件主界面	1	
			O2	使用Visio工具软件绘制出4个功能界面	4	
			O3	软件主界面美观友好、结构合理	1	
	A4	数据库设计	O1	按要求填写数据字典	2	
			O2	创建正确的数据库名称	1	
			O3	创建至少3张正确的数据表	3	
B	B1	创建项目	O1	创建正确的项目解决方案，解决方案名称符合任务要求	2	
	B2	主界面设计	O1	主界面标题显示正确	0.5	
			O2	主界面不包含最大化及最小化按钮	0.5	
			O3	主界面包含3个功能菜单	2	
			O4	光标移动到对应功能菜单时，有相关功能描述的提示	1	
			O5	主界面有操作提示	1	
			O6	主界面有关闭提示，得1分；实现关闭提示对话框功能，得1分	2	
			O7	主界面使用了自定义的应用程序图标	0.5	
			O8	主界面有软件名称相关信息显示，如"欢迎使用OMS系统"	0.5	
			O9	实现数据库登录校验功能	5	

（续上表）

Criteria（标准）	Sub Criteria（子标准）	Sub Criteria Description（子标准描述）	Aspect（方向）	Aspect of Sub Criteria Description（子方向描述）	Mark（评分）	Result（得分结果）
B	B3	问题录入功能实现	O1	窗体命名正确，标题显示正确	0.5	
			O2	包含4个文本输入框，并且文本框描述正确	1	
			O3	有"保存"和"退出"按钮	1	
			O4	实现保存数据完整性校验	1	
			O5	实现"保存"按钮事件，并且保存格式正确	3	
			O6	窗体加载数据读取正确	2	
			O7	实现"退出"按钮事件	0.5	
			O8	实现主界面与系统配置界面之间的切换	1	
	B4	在线留言功能实现	O1	实现主界面与"在线留言"界面之间的切换	1	
			O2	最新留言下拉框显示正确，得1分；功能实现，得3分	4	
			O3	网格数据显示，得1分；数据显示正确，得2分	3	
			O4	查找功能正确	2	
			O5	实现网格点击功能，得1分；显示正确，得1分	2	
			O6	实现"我要留言"按钮打开二级界面功能	1	
			O7	"我要留言"界面包含姓名、性别、电话、邮箱及留言内容等信息，并且控件使用正确	1	
			O8	实现留言信息提交功能	2	
			O9	实现"×"（关闭）按钮功能	1	

（续上表）

Criteria（标准）	Sub Criteria（子标准）	Sub Criteria Description（子标准描述）	Aspect（方向）	Aspect of Sub Criteria Description（子方向描述）	Mark（评分）	Result（得分结果）
B	B5	留言管理功能实现	O1	实现主界面与"留言管理"界面之间的切换	0.5	
			O2	"留言管理"界面打开有登录验证窗口，并且窗口显示正确	2	
			O3	实现登录验证功能	3	
			O4	实现3次失败验证功能	2	
			O5	"留言管理"界面显示登录用户名	1	
			O6	"留言管理"界面显示数据统计正确	1	
			O7	"留言管理"界面网格数据获取正确，得1分；排序及格式显示正确，得2分	3	
			O8	实现"留言管理"界面"删除留言"按钮事件	2	
			O9	点击"我要留言"按钮打开二级界面	0.5	
			O10	"我要留言"界面正确显示各项信息	1	
			O11	实现"我要留言"界面"回复"按钮功能	4	
			O12	实现"我要留言"界面"关闭"按钮功能	1	
			O13	实现"留言管理"界面网格双击功能	2	
C	C1	开发标准	O1	每个程序都必须显示正确的程序标题。少一个扣0.1分，扣完为止	1	
			O2	正确的界面信息描述。每个错误扣0.1分，扣完为止	1	

（续上表）

Criteria（标准）	Sub Criteria（子标准）	Sub Criteria Description（子标准描述）	Aspect（方向）	Aspect of Sub Criteria Description（子方向描述）	Mark（评分）	Result（得分结果）
C	C1	开发标准	O3	标题字体为四号加粗宋体；正文字体为五号宋体。每个错误扣0.1分，扣完为止	1	
			O4	页面布局须直观、清晰。发现页面控件没对齐、溢出、看不清等，每处扣0.1分，扣完为止	2	
D	D1	系统文档	O1	测试文档	0.5	
			O2	测试数据和结果正确。每个错误扣0.2分，扣完为止	1	
			O3	提交操作手册	0.5	
			O4	操作手册中有正确的描述功能、合适的图片和完整的操作指南，得2分；采购有流程说明，得1分。每个错误扣0.2分，扣完为止	3	
E	E1	PPT制作与展示	S1	展示出所开发的系统的所有部分。使用截屏并确保展示能够流畅地表现出部分之间的衔接，确保演示文稿是专业的、完整的（包括母版，有切换效果、动画效果、链接），要有良好的语言能力和演示方式，注重礼仪，有一定的演讲技巧	5	